建筑速写快速入门ABC

ARCHITECTURAL SKETCHES GETTING STARTED

傅凯／著

中国建筑工业出版社

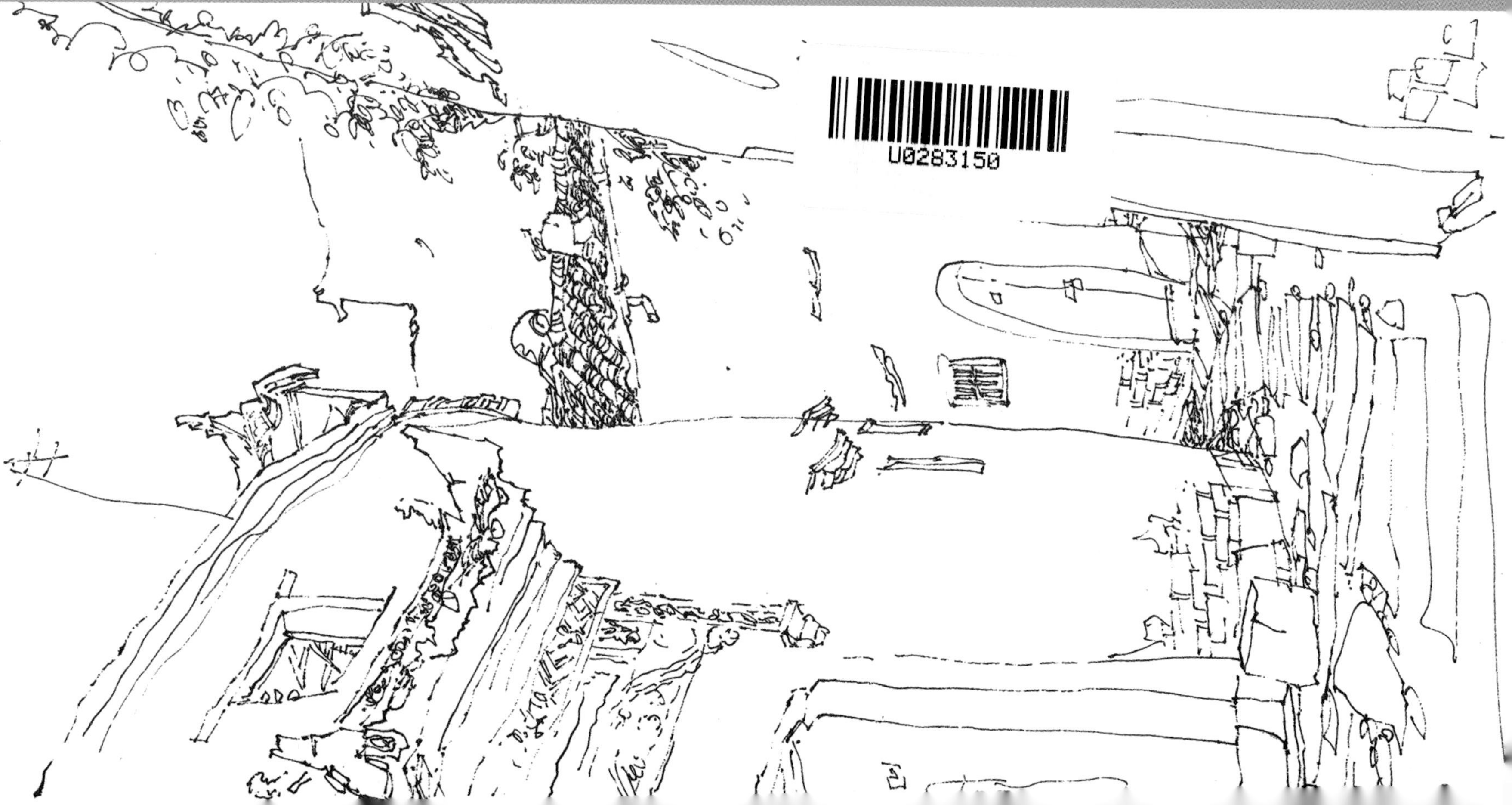

SKETCH CAUSRIE 速写随想

在绘画艺术中，速写是最快捷、方便、高度概括的表现形式，对于画家、建筑师、设计师来讲，徒手表现是他们记录和推敲思维的一个过程，而速写是他们所要具备的绘画基础，画速写所用的工具很多，表现形式也多种多样。画速写的快与慢是相对而言的，这要根据作者想要表现主题的内容、深度、意境，以及作者所掌握绘画的熟练程度而定。速写就像作家所写的心得、日记，短小而精炼，随手拈来，没有条条框框束缚，不需要有个完整的故事情节。因此，速写是画家、建筑师、设计师日常记录生活，积累素材，不断提高自身艺术素养的行之有效的训练手段。

傅凯教授是一个勤奋努力且高产的画家，同时也是一位潜心研究教学的好老师，在教书育人的过程中，一直将画速写作为他生活与教学工作的一部分，他通过速写的形式，记录了日常生活中的所见所想，本书展现的是他建筑素材类的速写。在书中，他结合自己的教学实践所取得的经验，将绘画知识、观察方法、作画步骤、表现形式、审美理论、作品分析与欣赏融为一体，深入浅出地阐述了建筑速写快速入门的途径与方法，该书图文并茂，通俗易懂，对学生学习建筑速写具有重要的参考价值。

学习绘画是一件修心养性的事，首先要喜欢它，只有曲不离口，才能做到熟能生巧。在科学技术飞速发展的今天，计算机已成为设计师们常用的绘图工具，但无论怎么说，设计师都无法用计算机来替代速写这种表现形式，所以，从事绘画与设计专业的学生平时就要养成画速写的习惯，它不仅可以提高艺术修养，而且还是学习与工作的一种好的方式。

赵　军

东南大学建筑学院教授

中国高等学校建筑学学科专业指导委员会建筑美术教学工作委员会　主任

中国建筑学会建建筑师分会建筑美术专业委员会　主任

PREFACE 前　言

意大利融作家、画家和建筑师为一身的乔治·瓦萨里说："素描是绘画、雕塑和建筑这三门艺术之父。"我想速写也如是。

光阴荏苒，想当年一个偶然机会当上一名教艺术设计的老师，至今已经 20 多个春秋了，不禁感慨万千，常常感悟到"教学互长"这句老话的深刻含义。

作为老师可能往往一开始为教而学，后来因教而后知不足，不得不学而为教，并乐此不疲。我感谢我的职业。

我受我老师的影响，常提倡学生画速写，并亲自带队。每次带学生进行色彩写生，我都会画大量的建筑、风景和人物速写。已出版了几本速写画集。其中于 2004 年由（香港）王朝艺术出版有限公司出版的《傅凯建筑速写集》和 2007 年南京大学出版社出版的《傅凯速写画集》非常受业内同行和学生的欢迎。可能是画的内容大多是以皖南传统建筑为主，便于现在许多艺术设计院校的教学。

既然是教学，总要有方法。方法往往又随着时代的发展而有所变化调整。我信奉那句老话："师父领进门，修行在个人"，而如何把一个新手领进门是关键。本书将教学的内容进行了优化组合并加入新作与文字，但愿本书能够起到一个师傅的作用。

这本书的出版缘于和中国建筑工业出版社教材中心陈桦副主任在去年的庐山水彩节上的相识，感谢她和杨琪编辑的支持。同时我要感谢我的学生童继东、高薇和金鑫给予的协助。

另外申明：书中内容如有不妥，仅属个人观点，既有错误在所难免。见谅！见谅！

傅　凯
南京工业大学建筑学院
2013 年 4 月 18 日

毕业于无锡轻工业大学设计学院（今江南大学设计学院）
南京工业大学建筑学院环境设计系主任，教授，硕士生导师
中国建筑学会建筑师分会建筑美术专业委员会委员
江苏省美术家协会会员
中国室内设计协会会员
江苏省壁画协会会员
江苏省致公书画协会理事
江苏工业设计协会会员
从事环境艺术设计教学与社会实践 20 多年
水彩及水墨作品多次参加国内外重要展览并被团体和个人收藏
曾发表多篇论文与多部著作

CONTENTS 目　录

A 速写入门之要

a 观察与选题

（a）整体观察

所谓整体观察就是绘画者在面对结构相对复杂、细节繁琐的对象时，要静下心来，认真分析对象整体的场面氛围和主要结构形态，要抓大放小，不能在细节上不加选择地描绘，而是在塑造出整体场景画面与主要结构形态后，再有选择地对对象进行深入的描绘与刻画。这个过程需绘画者既要有理性的分析又要有感性（主观）的发挥，从整个画面的需要出发，勇于推敲，敢于取舍（图 1）。

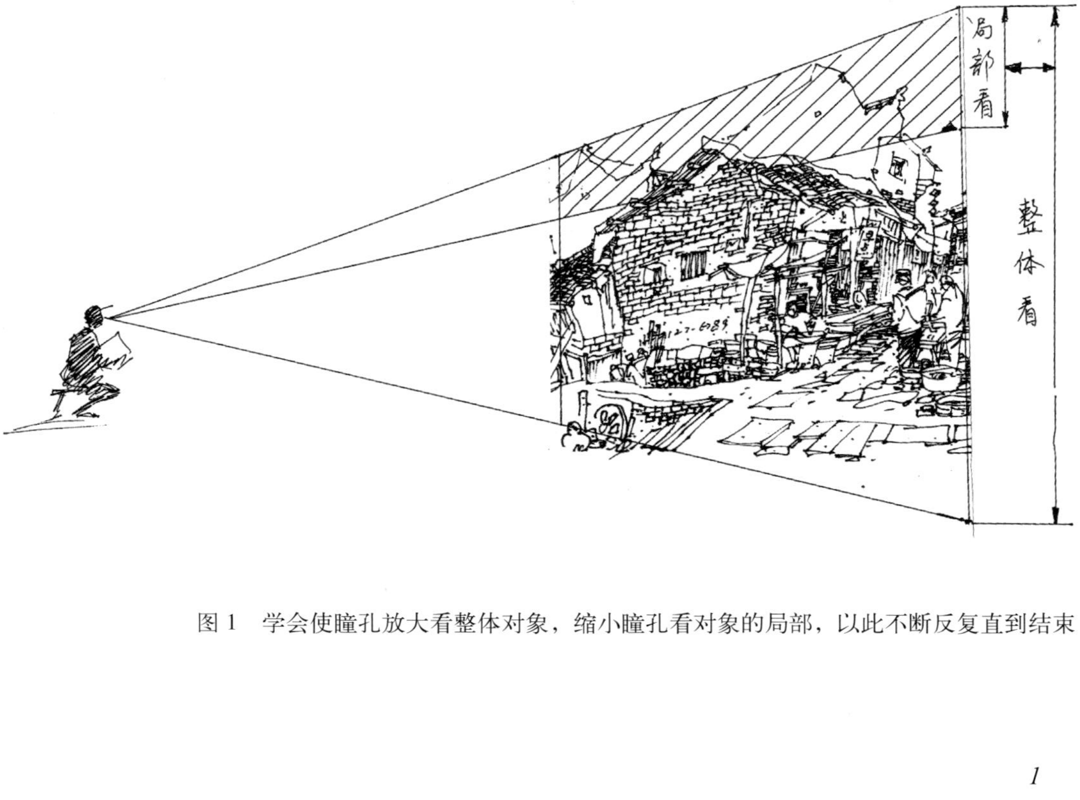

图 1　学会使瞳孔放大看整体对象，缩小瞳孔看对象的局部，以此不断反复直到结束

(b) 主题明确

学会整体观察的目的就是为了使画面所要表现的中心思想（即主体）突出，要求一幅画只有一个视觉中心。首先要处理好画面中的近景、中景和远景的关系，通常将主要对象往往放在中景部位。但是画面处理近景和远景时要和主题所在的中景紧密联系，否则画面缺乏空间感并无法凸显主题。画者在逐渐深入时一定要纵观全局，时刻调整所表现的主体和周围景象的关系，做到既表现到位又不表现过头甚至画蛇添足（图 2）。

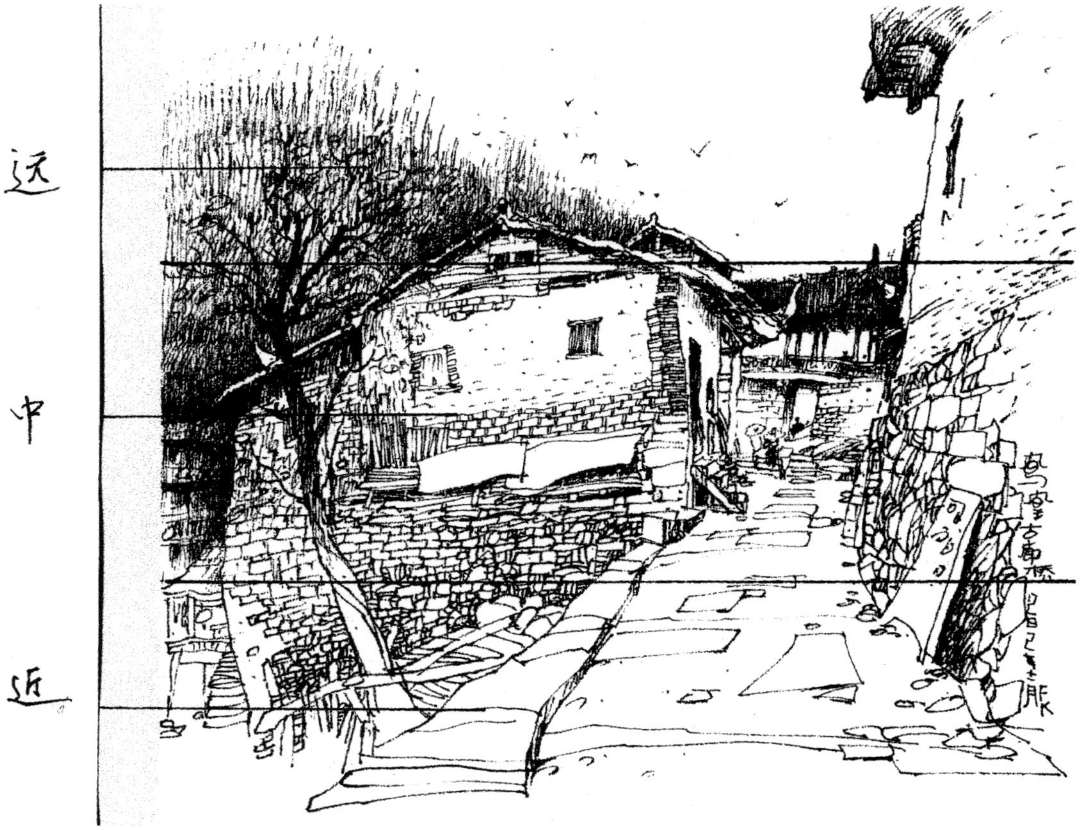

图 2

(c) 经营画面

在描绘过程中不要一味追求所谓客观准确，而要尽量体现对象的生动性和经营画面的和谐与美感。这就要求在绘画中在把握准场面气氛和艺术效果的同时，对画面对象作恰当的概括、改动、移位、增减，即所谓“偷梁换柱、移花接木”（图 3、图 4）。

这里作者要着重强调：画家经营画面有时候是一个非常艰苦的脑力劳动，需要作者的思想高度集中。诸如一些学生一边画一边讲话嬉闹、一边画一边听耳机甚至随着音乐摇头晃脑等等，这种情形下要画好速写是不可能的。

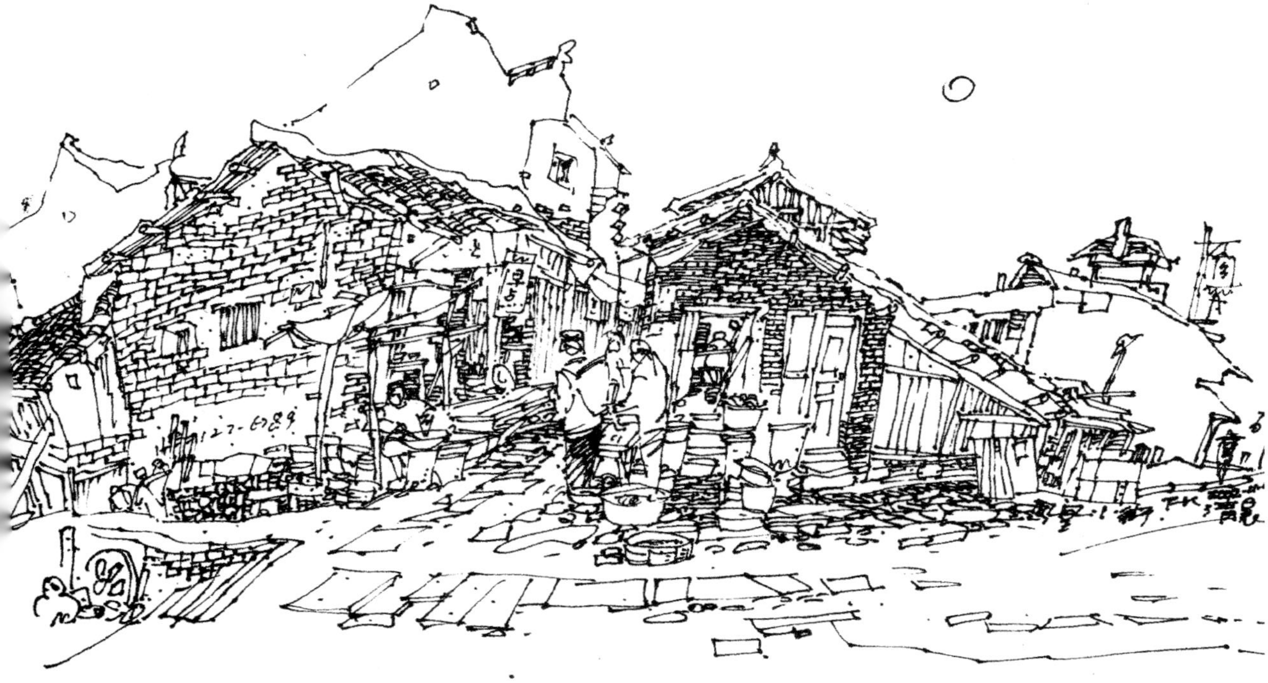

图 3 为了平衡画面在右上角加了太阳

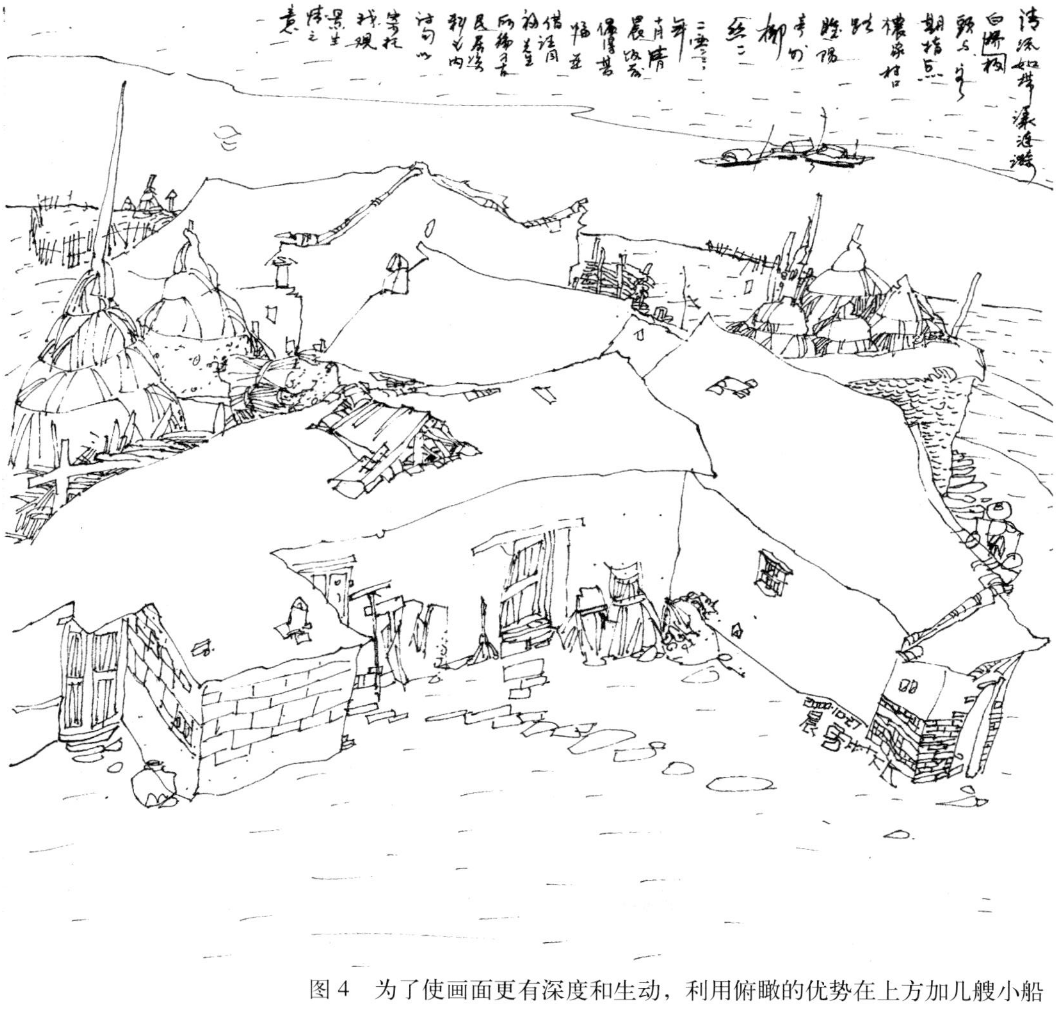

图 4 为了使画面更有深度和生动，利用俯瞰的优势在上方加几艘小船

b 视点与构图

（a）选择透视

透视原理为人们正确的观察对象提供了客观的科学的依据。平常所看到的物体都是近大远小、近高远低，所看到的物体的部位形状会随着人的视点的改变而变化。初学者要画好速写首先要了解并掌握透视原理，如一点透视和二点透视等（图 5）。

(b) 构图形式

通常一幅成功的画面除了具备完整性外，还要在视觉上追求一定的构图形式，利用形式美感塑造整体画面的艺术性。

如水平型构图是画面从中间往左右两边延伸大致形成水平形状构图，这种构图使画面容易产生开阔深远的感觉（图 6）。

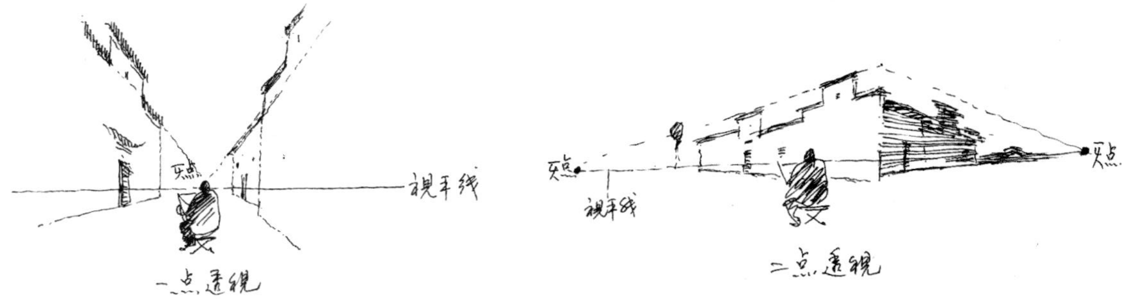

图 5

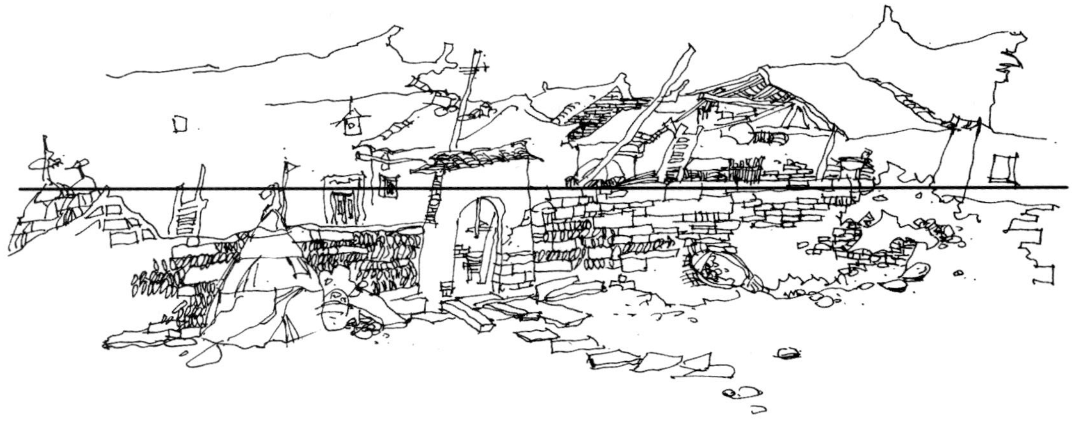

图 6

垂直型构图是画面从中间往上下延伸大致形成垂直形状构图，显得挺拔高耸（图 7）。

综合型构图即大多数构图形式，往往不是绝对的某一种，而是相互穿插、渗透，大多数构图形式都呈现出综合型（图 8）。

(c) 画面完整

保持画面的完整性对于初学者来说并不是件容易的事。在起稿前对所画对象要有整体的感受和全面的认识，包括画面的主次关系，选择什么样的透视角度等。一般使主题建筑或主题景观处于画面的中心部位。如果面对复杂的对象不能急于求成，需一步步深入并时刻注意调整画面，力求保证画面的完整性（图 9）。

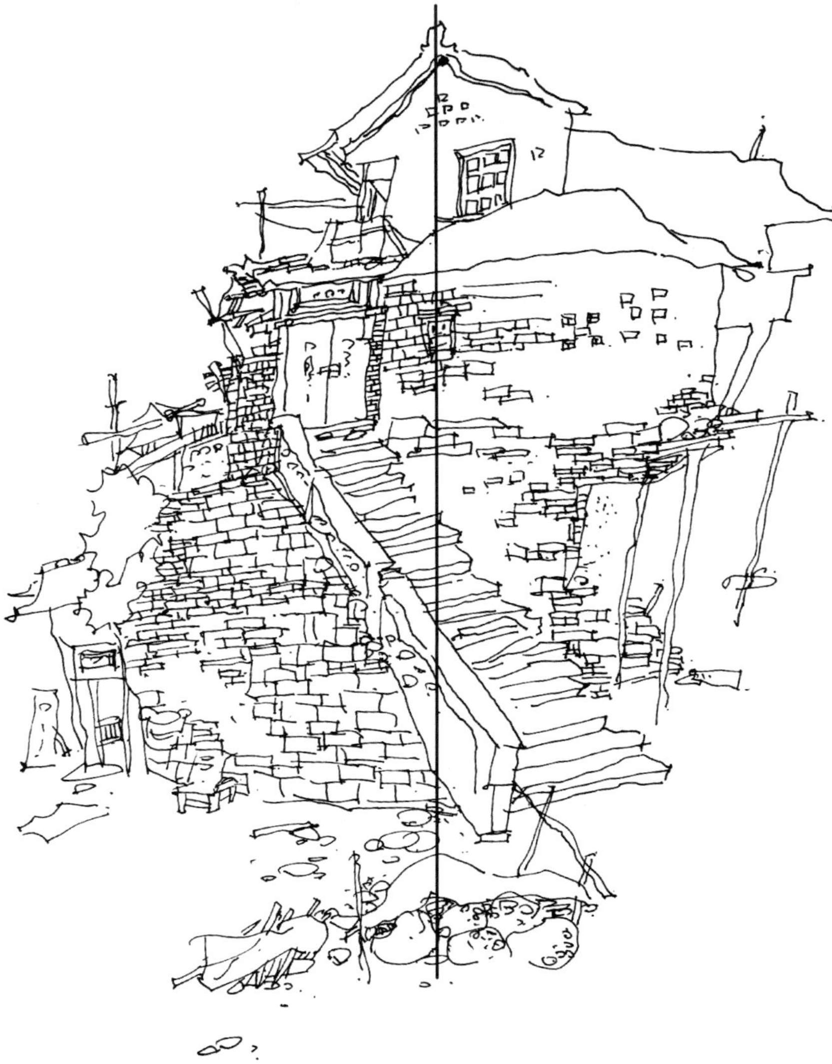

图 7

图 8

图 9

C 表现与形式

（a）风格统一

初学者在学习速写过程中会因为看了或者临摹了大量的优秀作品，而被各作品的表现方法和风格所干扰，呈现出来的画法、风格不够统一。如果初学者喜欢某种方法（无论是单线表现还是明暗表现），就长期地用某种方法表现对象，直到逐步形成自己的风格。佛家讲“一门精进”是千真万确的（图 10、图 11）。

(b) 一气呵成

多画速写不但能够培养学生的徒手表现造型能力，还能提高对形象的记忆能力和想象力及创造力。在速写过程中有时不要刻意追求所谓的准确、精细，绘画的过程不是拍照，而往往带有主观创作，不能犹豫不决，要果断下笔并一气呵成，这样才能体现对象的生动性，使画面充满艺术魅力（图 12）。

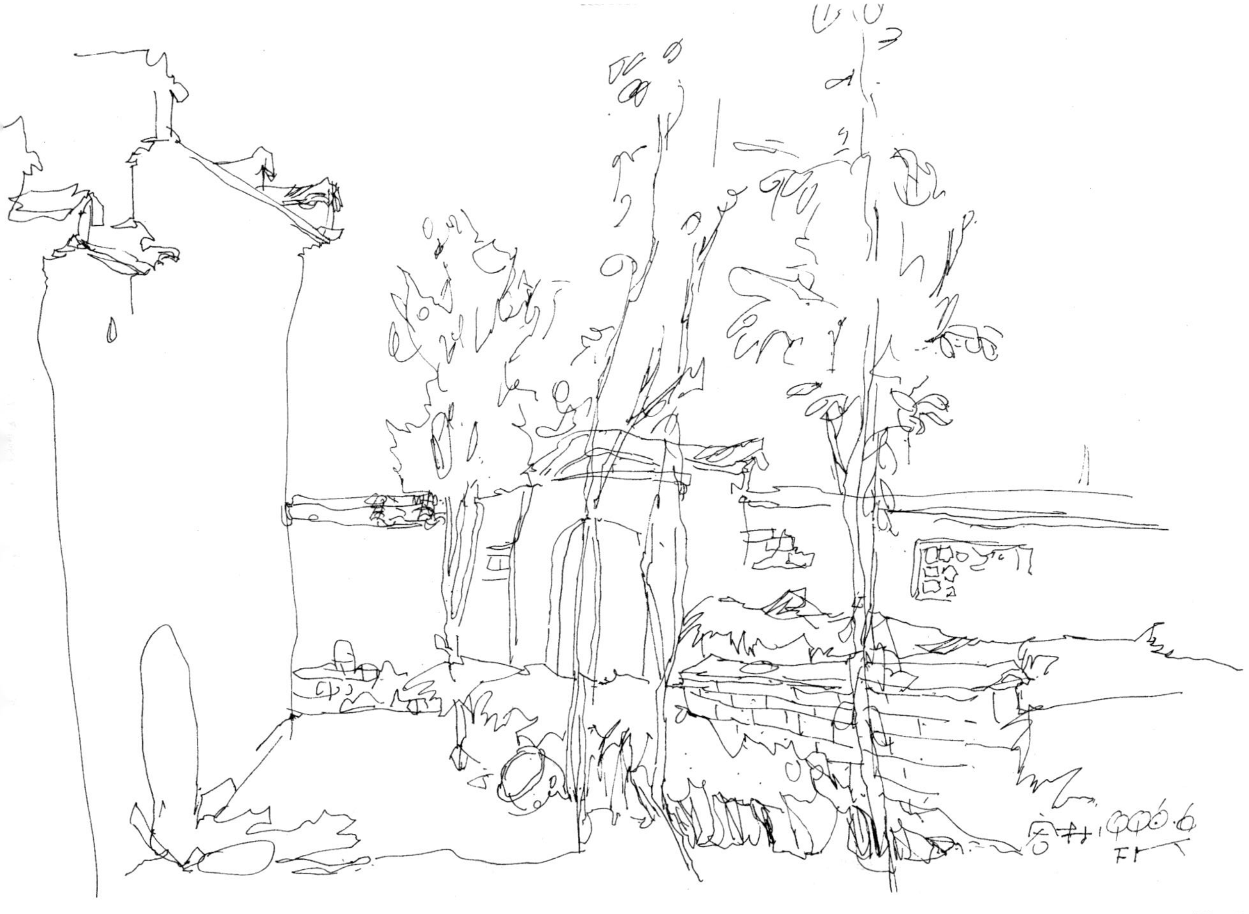

图 10

图 11

图 12

(c) 修养内涵

俗话说："熟读唐诗三百首，不会作诗也会吟。"画者的精神情感和艺术涵养往往通过速写中那些看似繁乱、毫不经意、或快或慢的线条一览无余地流露出来，有时通过欣赏艺术家的速写作品，能够进入画者的"内心世界"去探访一番。

所谓"画如其人"，就是凭借画面，看出作者几分内涵。作为一个画家和设计师要想不断地提高艺术修养和审美意识。就要养成在日常生活中积极发现美并将其用速写本记录下来的习惯。久而久之不但提高绘画和设计能力，还会陶冶情操、滋养心灵（图 13）。

图 13

建筑速写之技 B

a 单线造型

（a）线条

练就一手“生命线”，也就是富有弹性的活的线而不是死的线是画速写的不可缺少的基本功。初学者要想做到线条运用的抑扬顿挫、得心应手、深淡相济、收放自如、流畅肯定，进行有阶段性的线条练习是非常必要的。单线类似于中国传统绘画中的线描，即纯粹依靠线来描绘对象的一种造型方法。初学者常常会问用什么笔好，作者提倡用下水流畅的钢笔或者签字笔、针管笔都可。要掌握正确的握笔姿势，要学会悬腕和悬肘（图 14、图 15）。

用笔到位——运用单线法，需要速写者把注意力集中在对形体、结构的观察和认识上（图 16）。

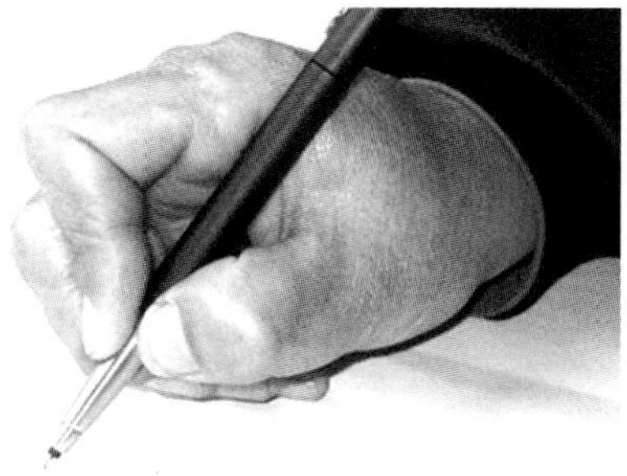

图 14　正确的握笔方法

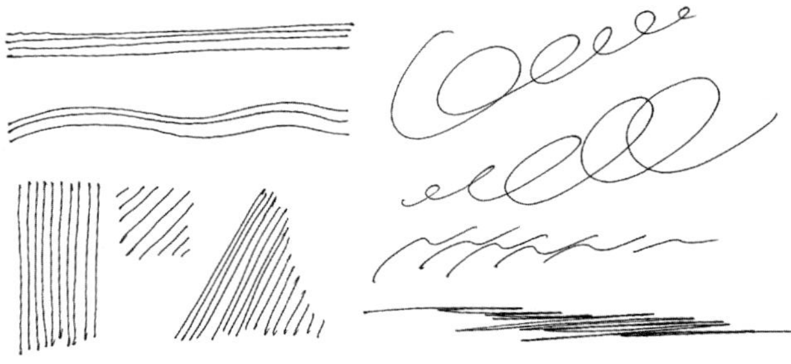

图 15

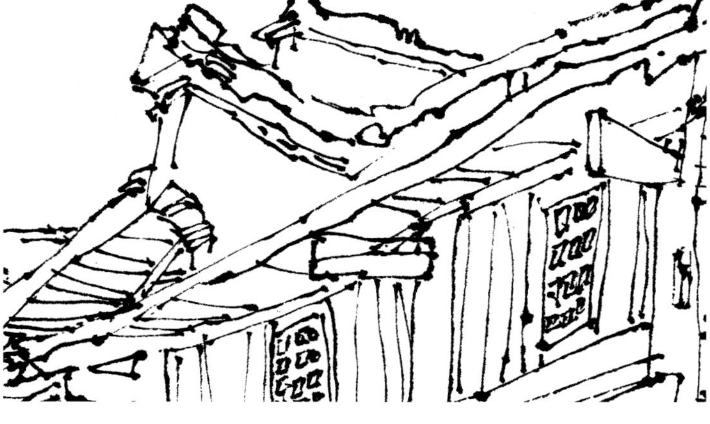

图 16

弹性变化——用线不但要贯连，更主要的是要有力度和弹性，感觉上富有节奏变化，切忌柔弱琐碎（图 17）。

线型丰富——以线条为主的速写是利用点、线、面来塑造形体，只要使点线面有大小、长短、粗细、高低等变化，就能获得良好的艺术效果。要理解线是点的延伸，两点产生线的感觉，点多成面的效果，面也可以通过排线而获得（图 18）。

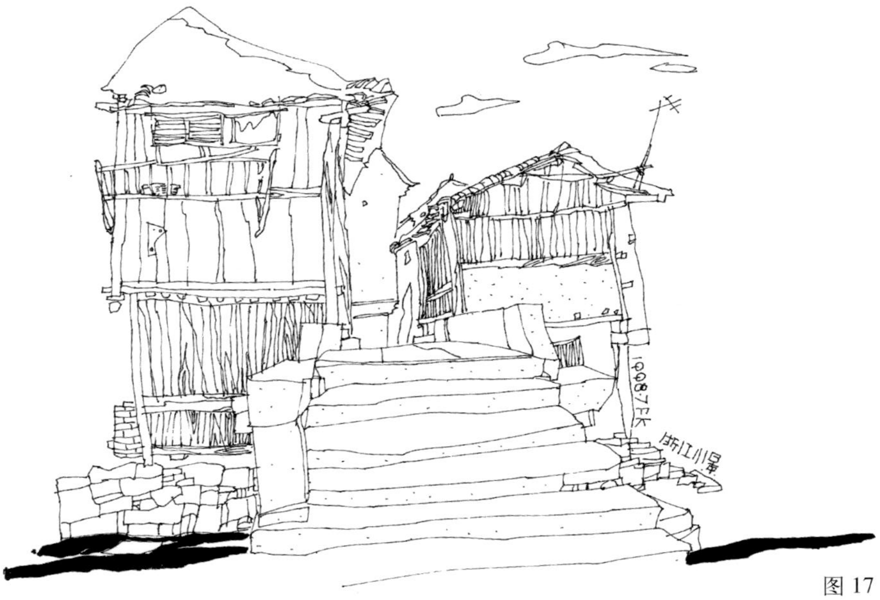

图 17

图 18

(b) 线面结合

在用线准确勾勒出物体的基本形态、结构关系后，运用在基础素描课中学习的知识，在对象的重要结构转折处和明暗交界处施以不同层次的块面，充分塑造对象的形体变化、结构转折、体量空间、质感肌理以及明暗对比。线面结合的表现方法可以使物体的造型更加结实丰满，有更加逼真的立体感，画面效果丰富生动，极富艺术表现力和感染力。这里作者要强调的是以排线为主的线面结合，通常要注意线与面的比例。在排列线条塑造对象时，要注意线条的疏密穿插所产生黑白灰的均衡和呼应，并特别留意画面的节奏变化，否则会使画面失去平衡感、灰暗无力及呆板（图 19、图 20）。

图 19

图 20

在画的过程中要学会见好就收，切忌反复修改。

(c) 艺术表现

初学者在写生过程中往往过分在意看到的东西，恨不得把看到的全画下来。其实办不到也没有必要。即使做得到也不能称其为艺术了。艺术从生活中来，但是反映生活的艺术一定高于生活。国画大师齐白石一句关于艺术的表达“似与不似之间”给艺术家指明了方向。在画建筑速写时既要注意对象的形态结构、空间、体量关系的准确观察，又要用艺术方法去归纳判断总结，这样表现出来的作品才具有艺术性 (图 21)。

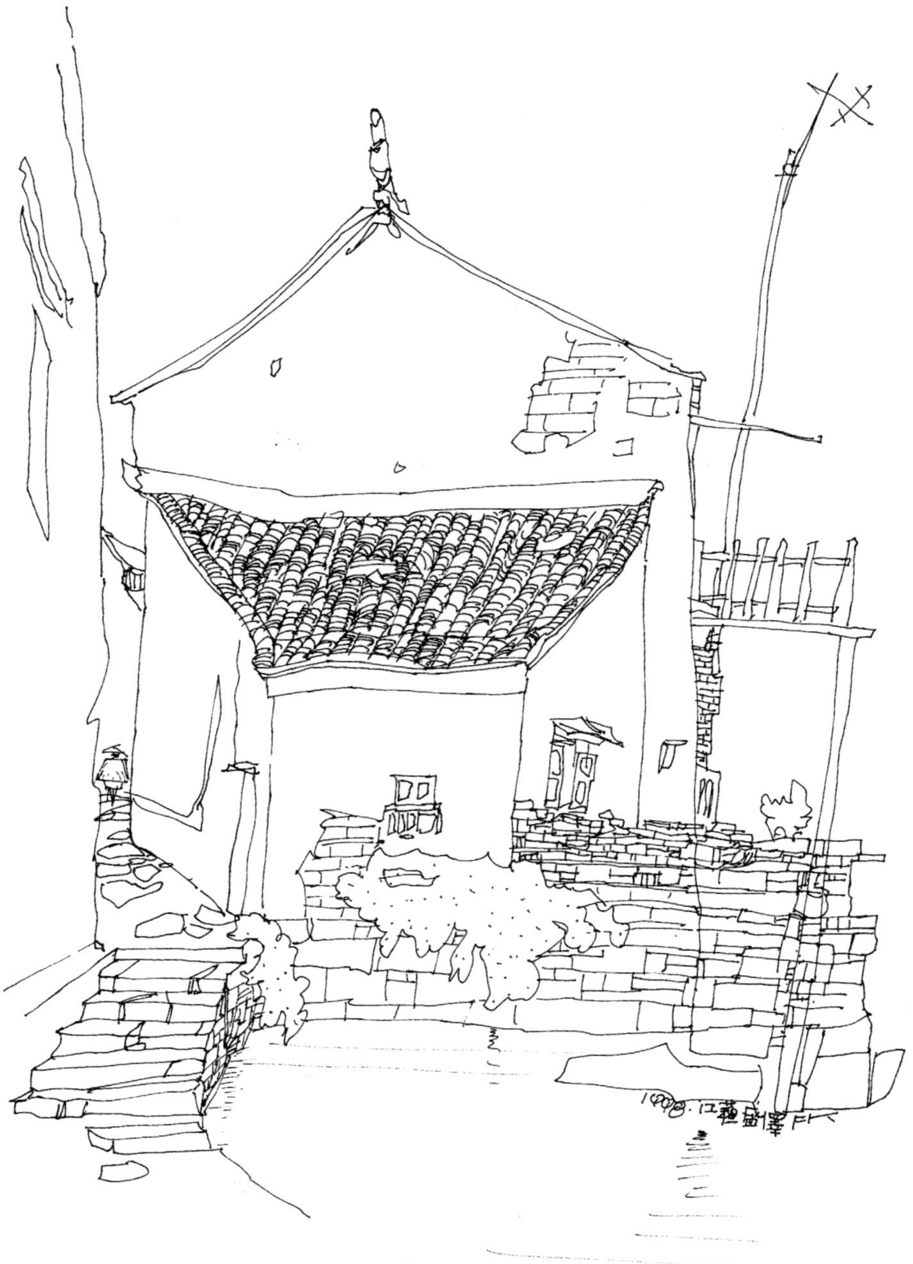

图 21

b 先慢后快　先简后繁

（a）慢即为快

作者在教学中发现有许多学生在刚开始画速写时，一味求快，以为只有快速画出来的画才叫速写，却忽视了画速写的目的。所谓速写的“速”是相对的，是作者根据对象的具体情况而定的。即使有一定的速度也是靠先慢而快一步步练就出来，有时候该快慢不了，该慢也快不了。

初学者应先从“慢”写开始，在过程中认真研究对象的形体结构、比例和透视关系，培养自己观察与表现的准确度。只有画得慢，才有可能将对象刻画得全面、深入、丰富，才能为后面的“快”写打下基础。

(b) 简即为繁

从简单到复杂是一个普遍的学习规律。初学速写，尽量不要急于选择结构复杂的物体，而应该先从简单的对象入手，这样有助于培养初学者对于速写的兴趣，树立起画好速写的信心。在对简单对象描绘有了一定的程度之后，再逐步过渡到描绘结构复杂的物体，如多种形态物体的组合、多层次的建筑空间和繁杂的人物场面等等。

(c) 小即为大

一开始不要图多求大，可以从小规模、少部分开始，哪怕从一本书、一个水果、一个建筑部件开始。通过这种循序渐进的方法，不但可以不断训练初学者的造型能力，还可以不断树立初学者信心。所谓“不积跬步，无以至千里”（图 22-1、图 22-2、图 22-3）。

图 22-1

图 22-2　礼堂局部

图 22-3

c 先临后写　艺不离手

（a）临摹为写

作者认为用临摹方式培养学生画速写的兴趣是有必要的也是行之有效的。学生自身的天赋往往会通过临摹自然地表现出来，为下阶段的学习打下坚实的基础。初学者通过临摹学习速写作品中的经验和处理手法，如：构图、线条疏密等（图 23-1、图 23-2）。

值得一提的是初学者要具备一定的素描基本功，否则在临摹过程中缺乏基本的造型能力，往往不假思索地模仿，结果画面不知所云、空无一物。

（b）勤学“乐”练

孔子讲“学而时习之，不亦乐乎？”将学习速写的过程融入到生活中，在生活中观察人、事物并怀着快乐的心情不断地进行速写练习，比如在等公交、火车、用餐、看电视时都可以练习（图 24-1、图 24-2）。

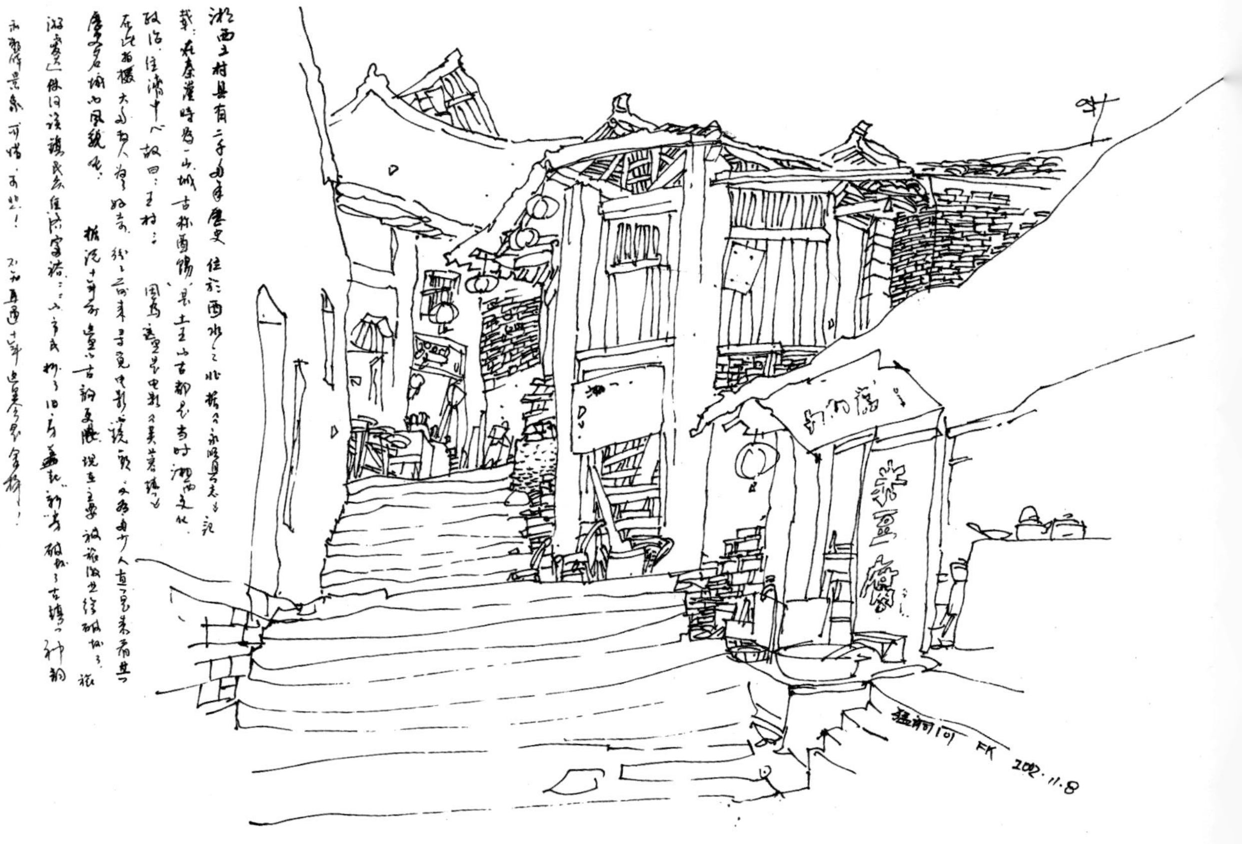

图 23-1

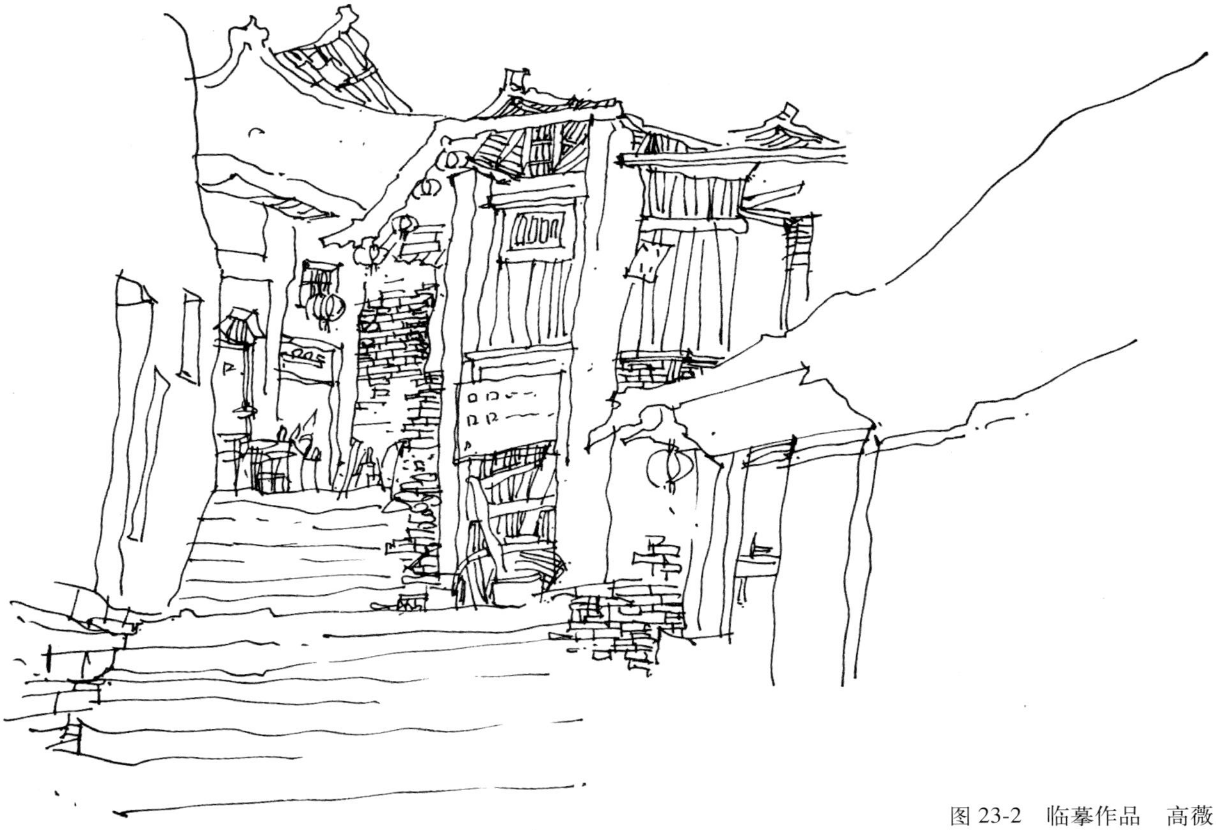

图 23-2　临摹作品　高薇

图 24-1

图 24-2

（c）默写为创

默写对初学者学习绘画造型是至关重要的，学习速写更是如此。对于大多数人都有在儿时随意涂鸦的经历，那时的无拘无束、天马行空给自己留下非常美好的记忆。画速写有时候也需要离开具体的对象进行默写或者根本是漫无目的地随心所欲地画出各种线、形、体块等。这样不仅可以使学生感受到笔在纸上或急或缓划动的乐趣，还可以体会到绘画的快感，并为培养学生的创造力打下了良好的基础（图 25-1、图 25-2）。

图 25-1

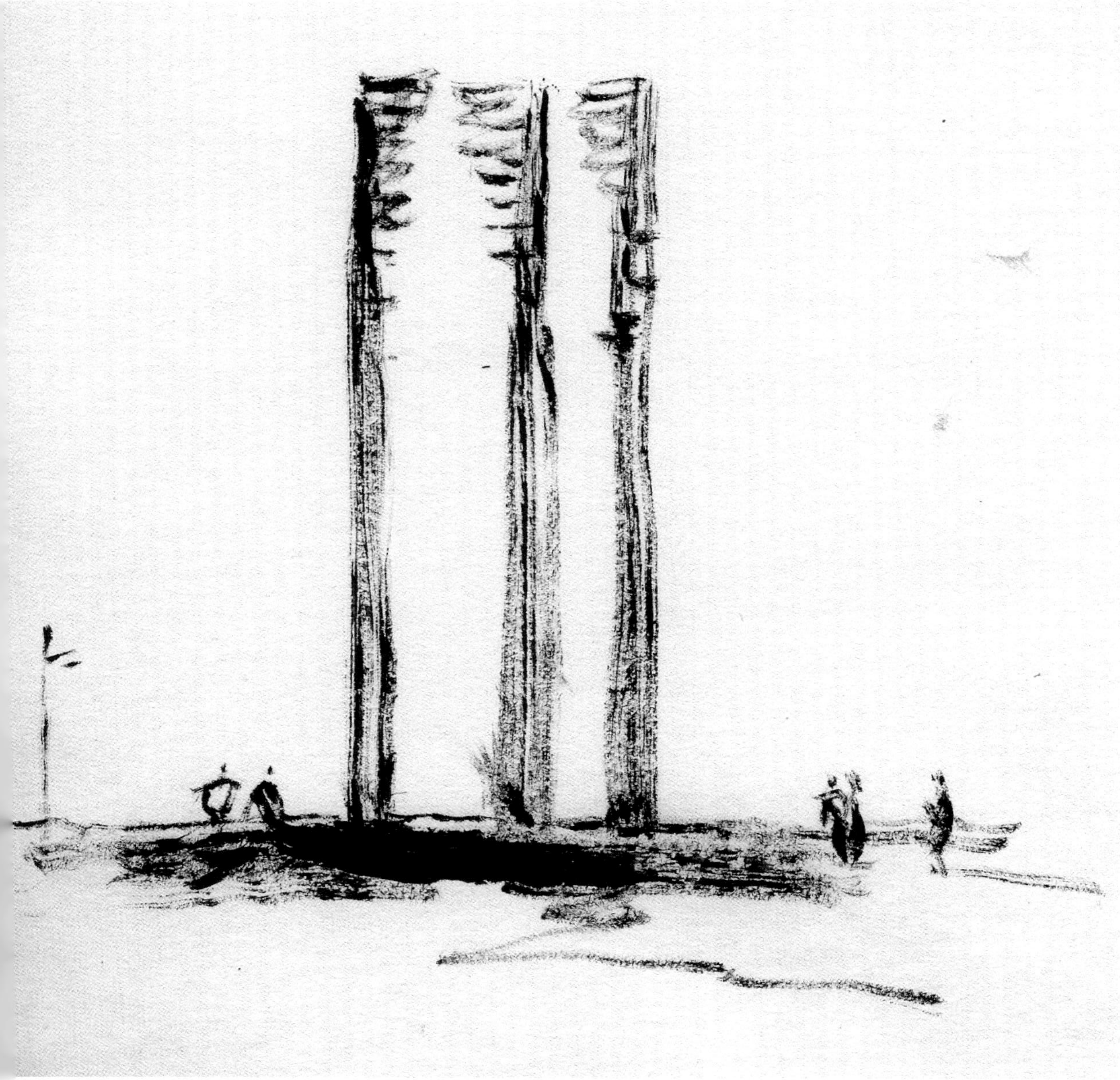

图 25-2

速写淡彩之法 C

a 意在笔先　步骤分明

在速写学习的后期，学生结合自己专业特征用色彩（马克笔、彩铅、水彩均可）作速写淡彩练习是很有必要的，也为他们将来更好地适应和表现设计创意，铺就一条便捷之路。

绘画者对整体画面的把握做到成竹在胸、意在笔先。在施彩时要保持头脑清晰，步骤分明，快慢相宜。通常从控制大关系上是先画远后画近，先画暖后画冷，先画大（色块）后画小（色块）等（图 26-1 ～图 26-6）。

如果表现近景通常是先竖后横、同类色重复画比较容易出效果（图 27-1 ～图 27-4）。

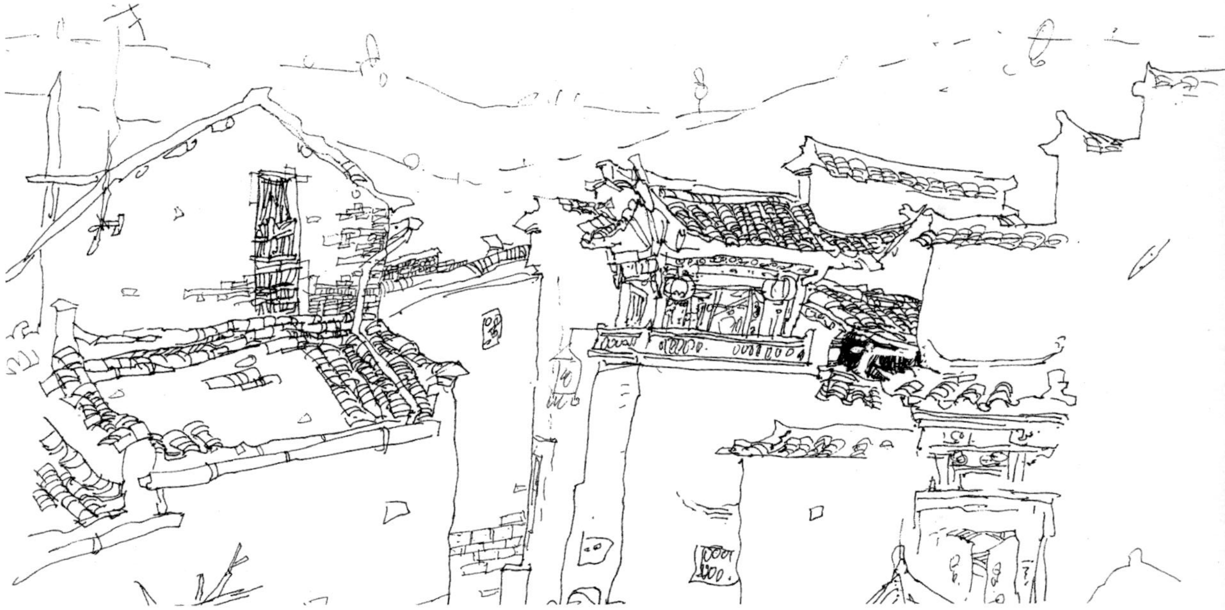

图 26-1

图 26-2

图 26-3

图 26-4

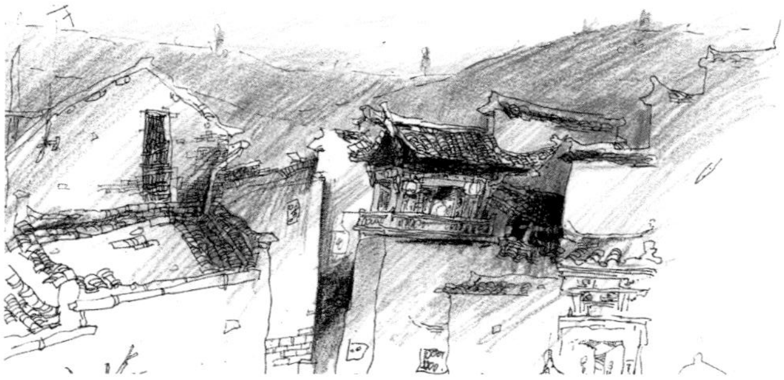

图 26-5

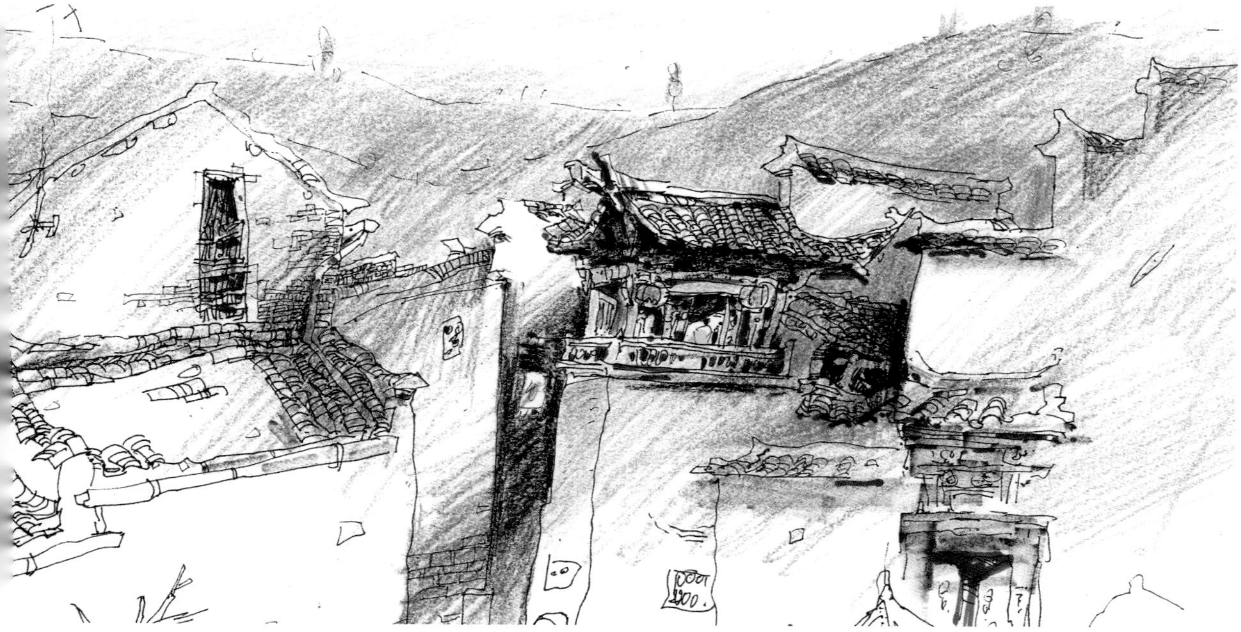

图 26-6

图 27-1

图 27-2

图 27-3

图 27-4

b 胆大心细　适当深入

所谓胆大是在运筹帷幄、得心应手的情况下放开手脚，大胆规划涂抹；心细则是在把握画面整体效果的前提下对局部作恰当的刻画，既不能过又不能不及。对于初学者来说确实有一定的难度，但是随着实践经验不断积累，离随心所欲地处理画面的日子是指日可待的（图 28）。

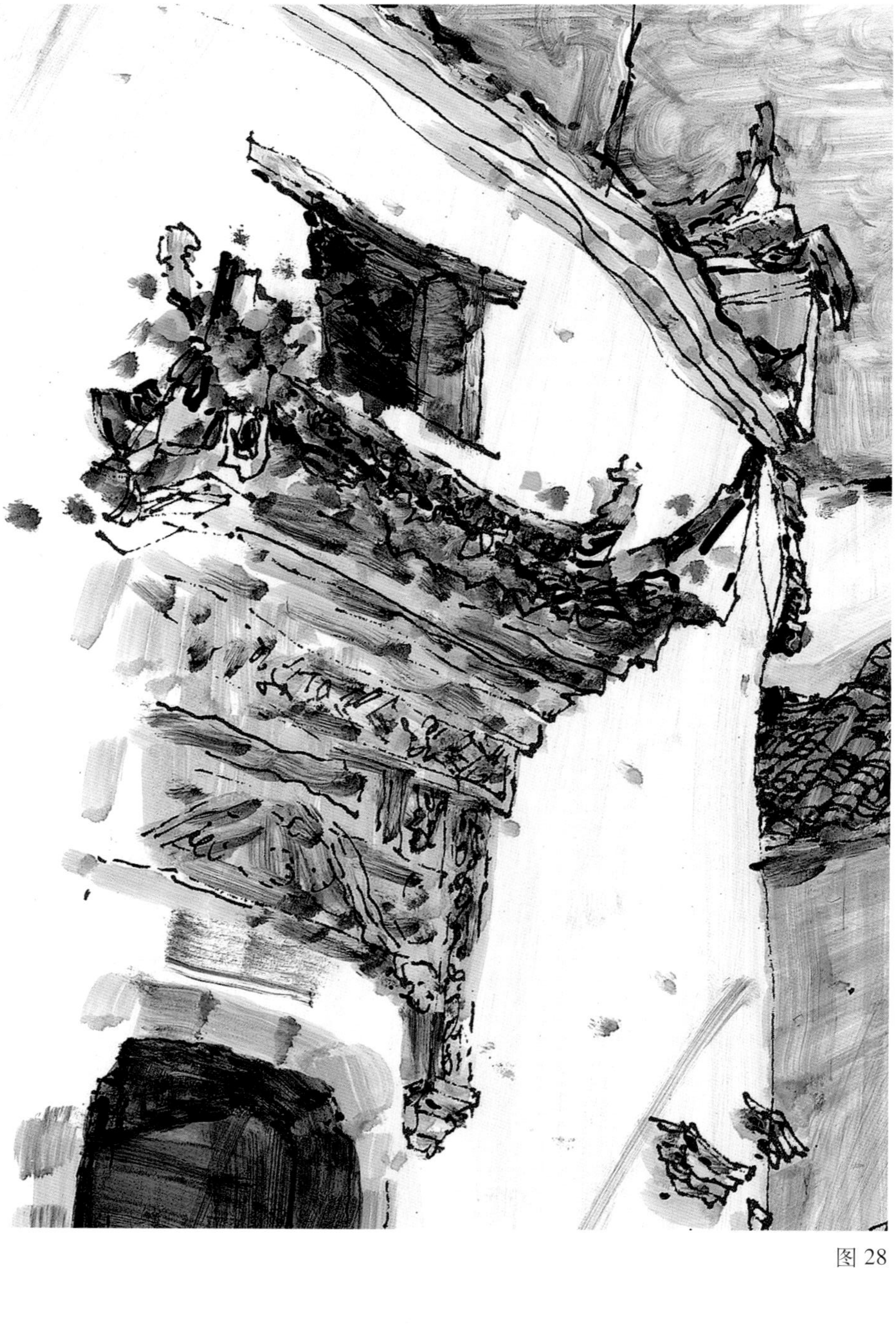

图 28

C 节奏变化　完美演绎

黑格尔说过：“建筑是凝固的音乐”。就建筑本身而言，它既是科学、技术和艺术的综合体现，又是绘画者用形式美、技术美和空间美的艺术语言，通过主观的、感性的思维，创作演绎出富有音乐旋律美的建筑速写（图 29）。

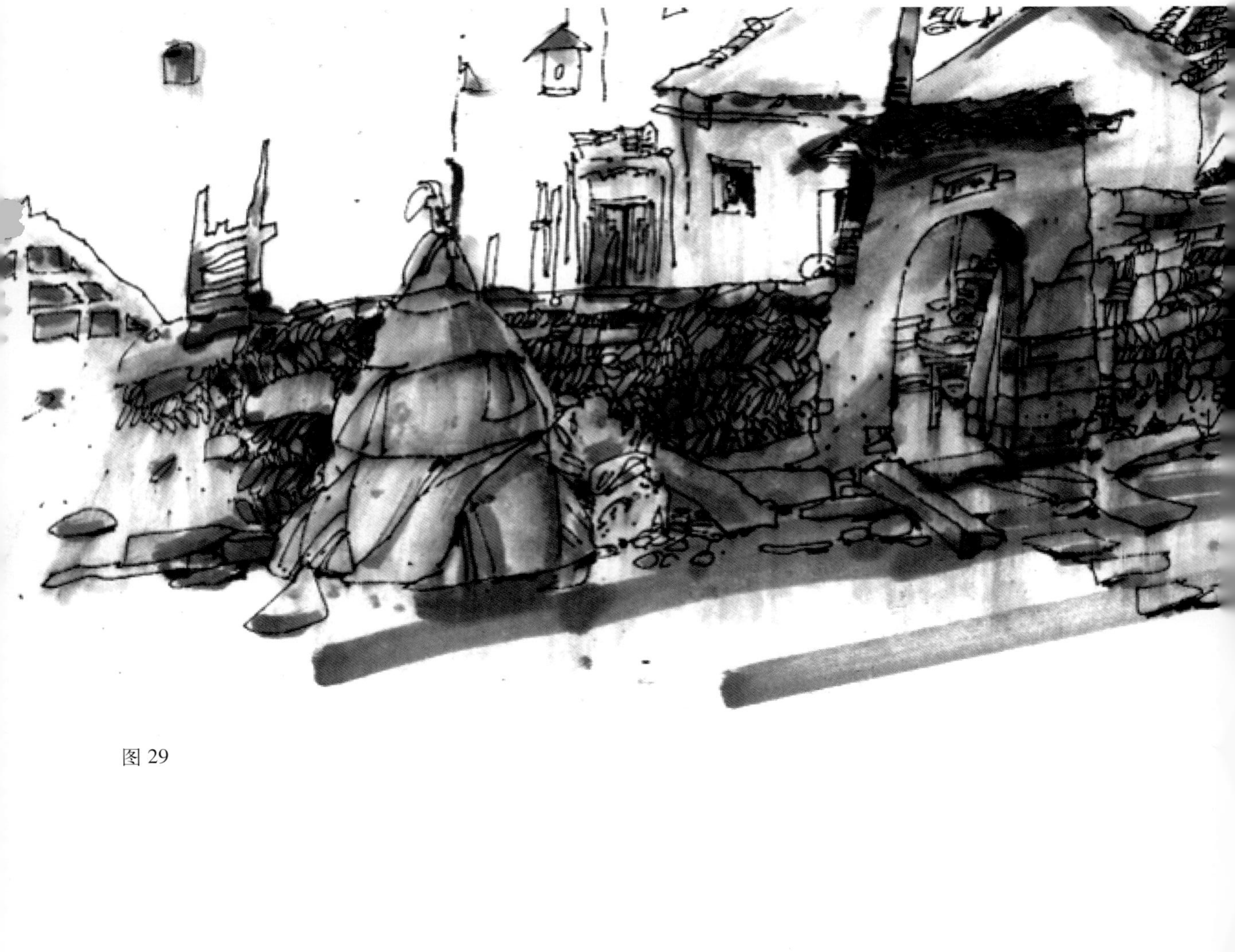

图 29

D 完整作画步骤（图 30）

图 30-1

图 30-2

图 30-3

图 30-4

图 30-5

图 30-6

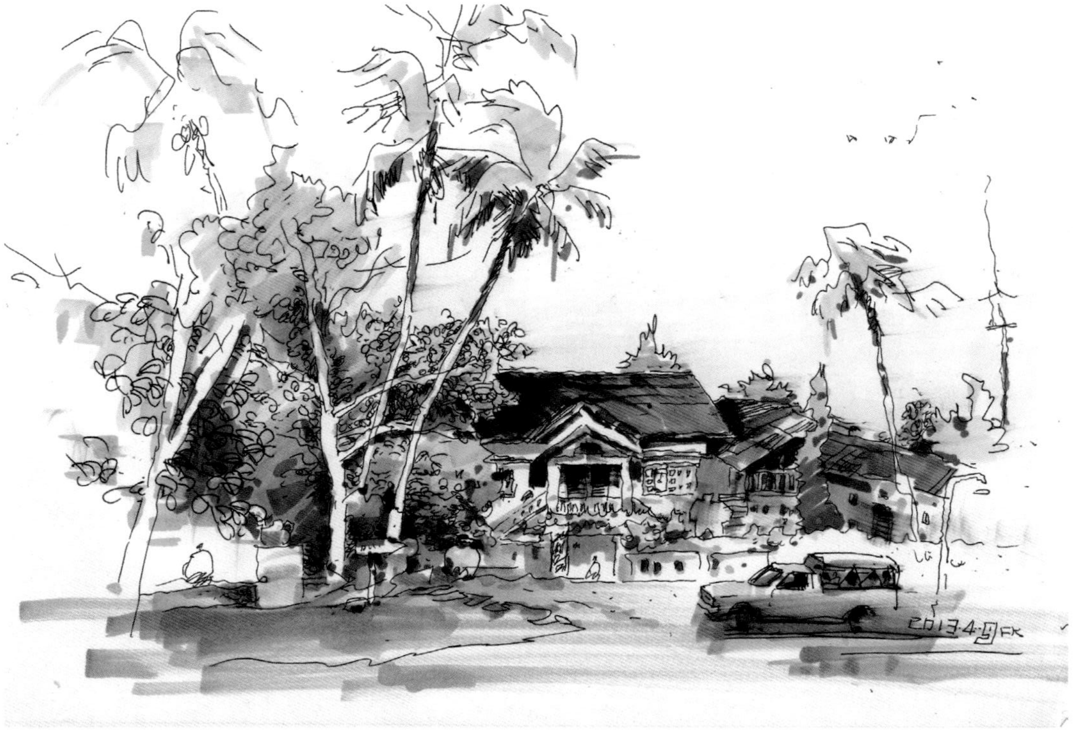

图 30-7

图 30-8

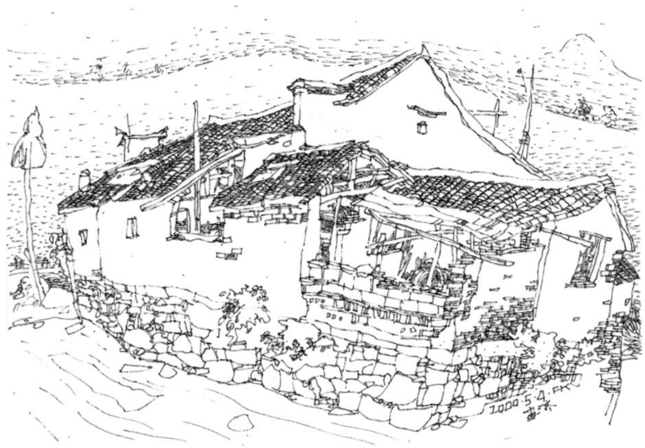
图 30-9

图 30-10

图 30-11

图 30-12

图 30-13

E 优秀作品赏析

百姓人家

船屋

春雨

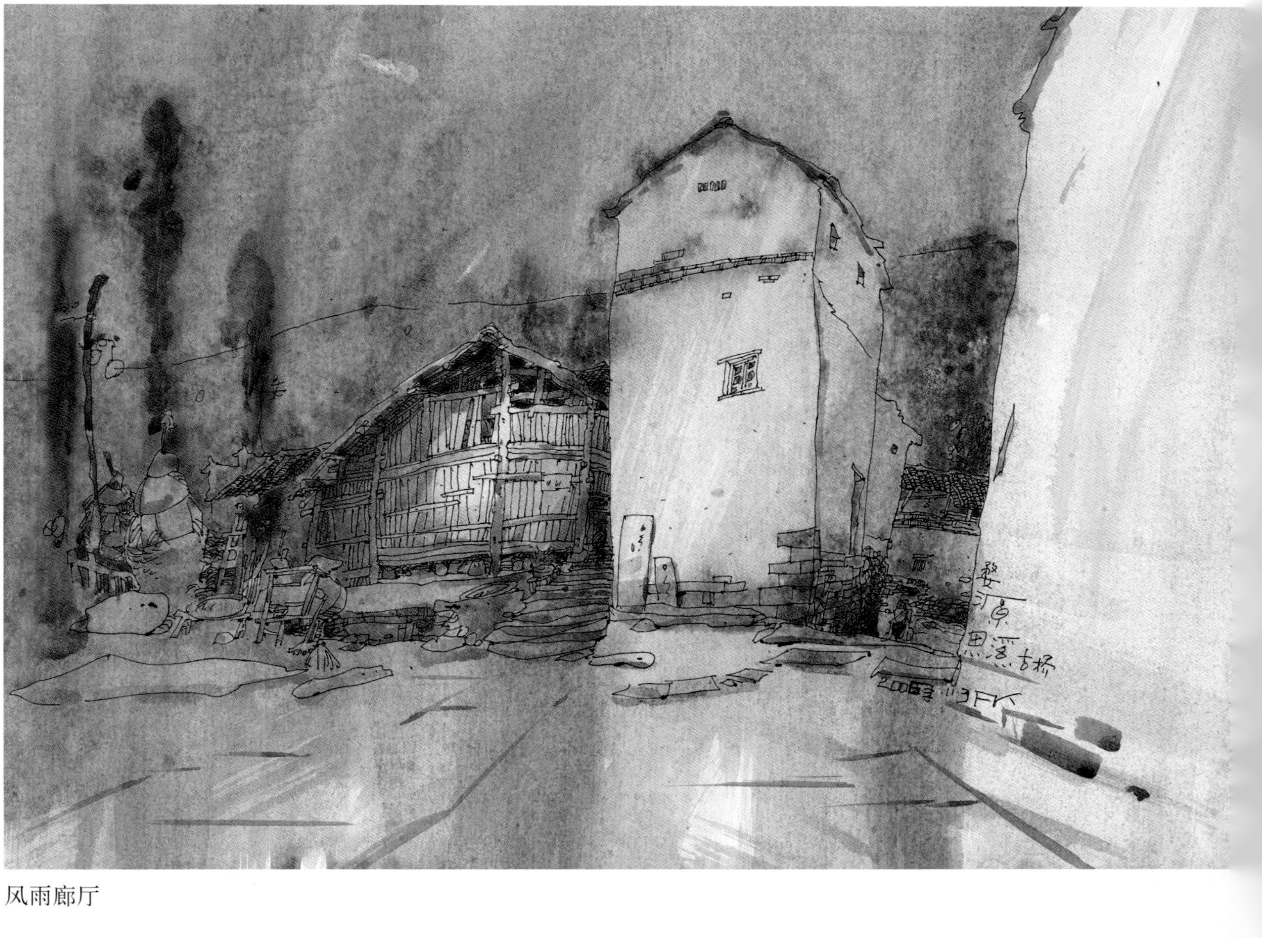

风雨廊厅

古楼廊

回家

卢村雪

暮色

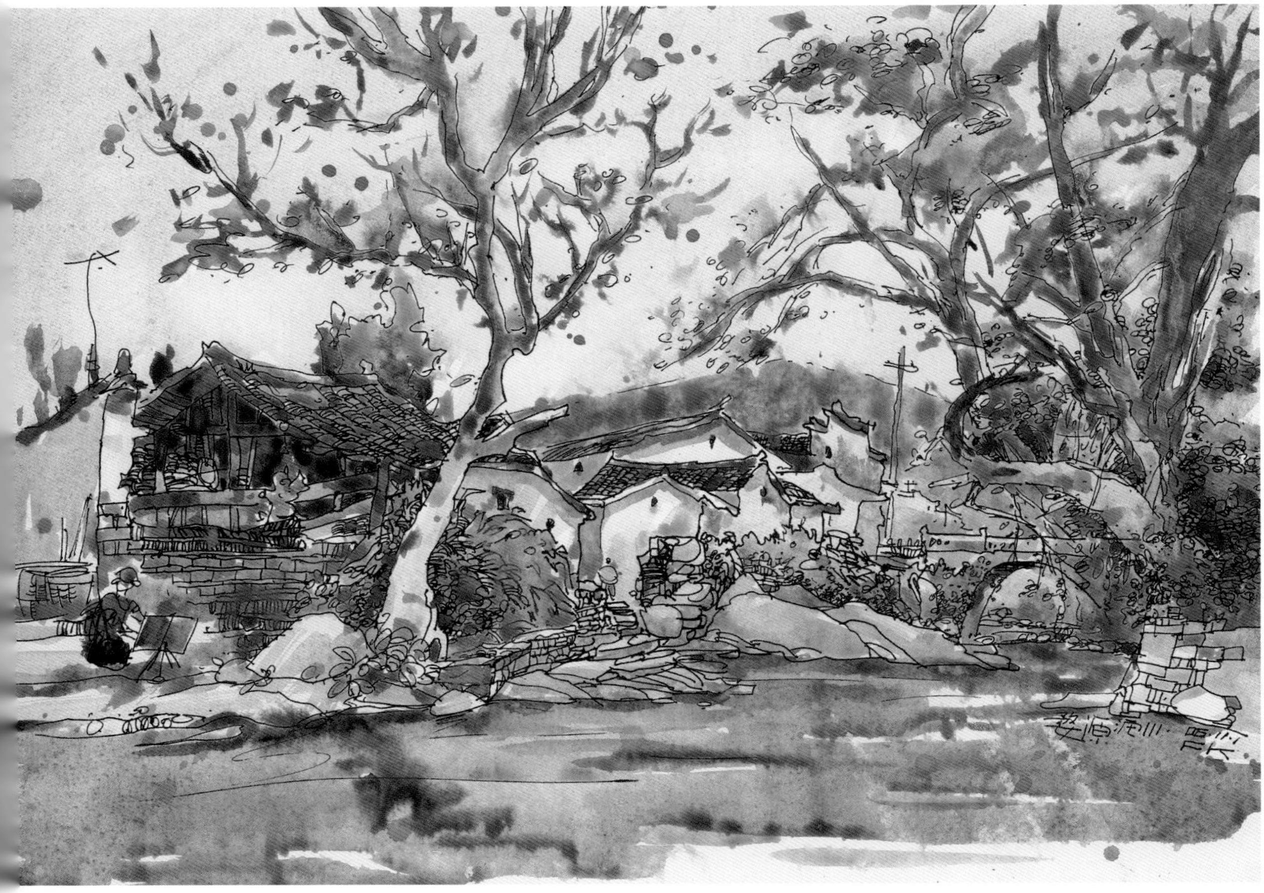

秋意

石板路

踏雪寻酒

斜阳

月光

宅院

百年老井

道观墙外

查济初雪

齐云山上

查济古村落

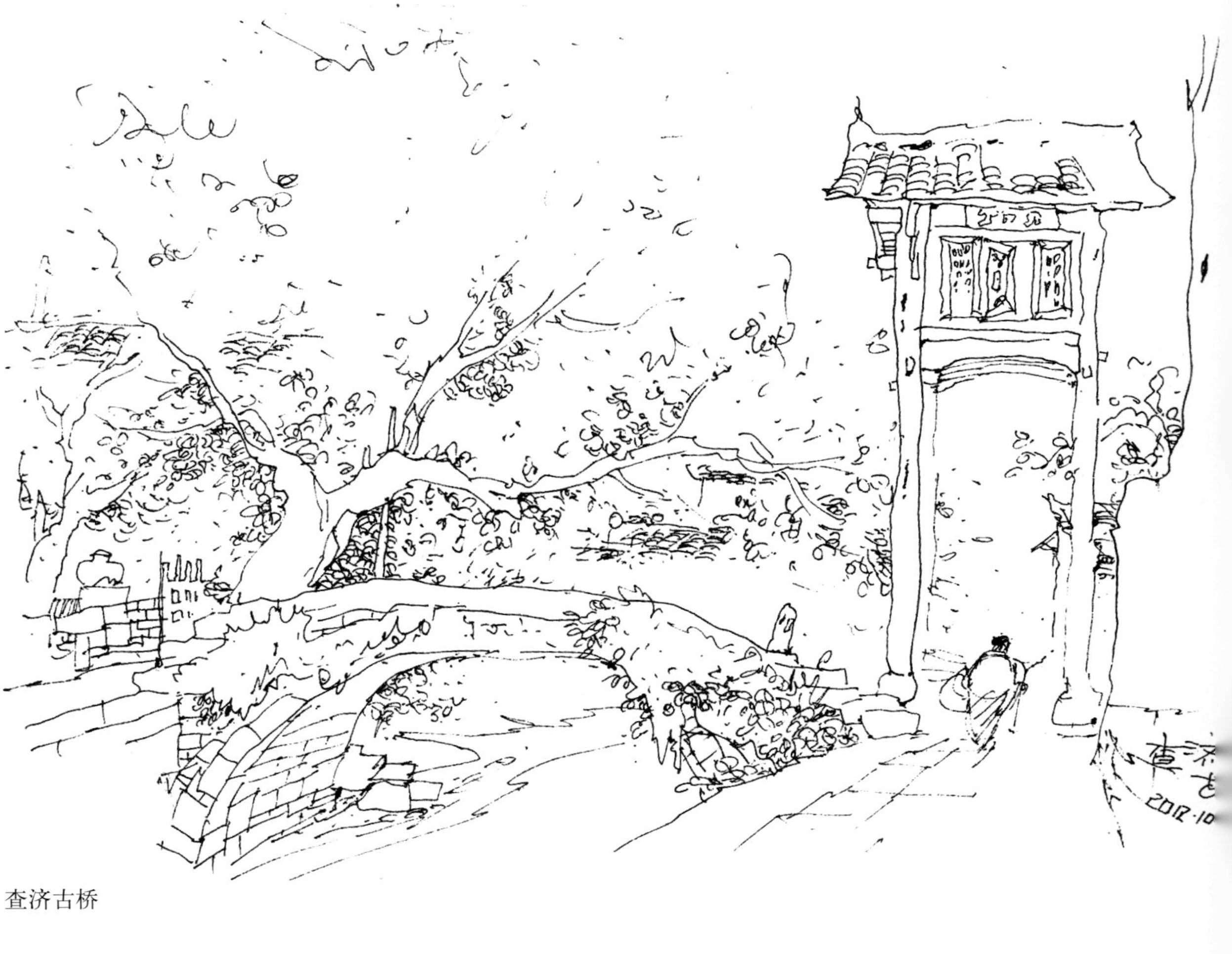

查济古桥

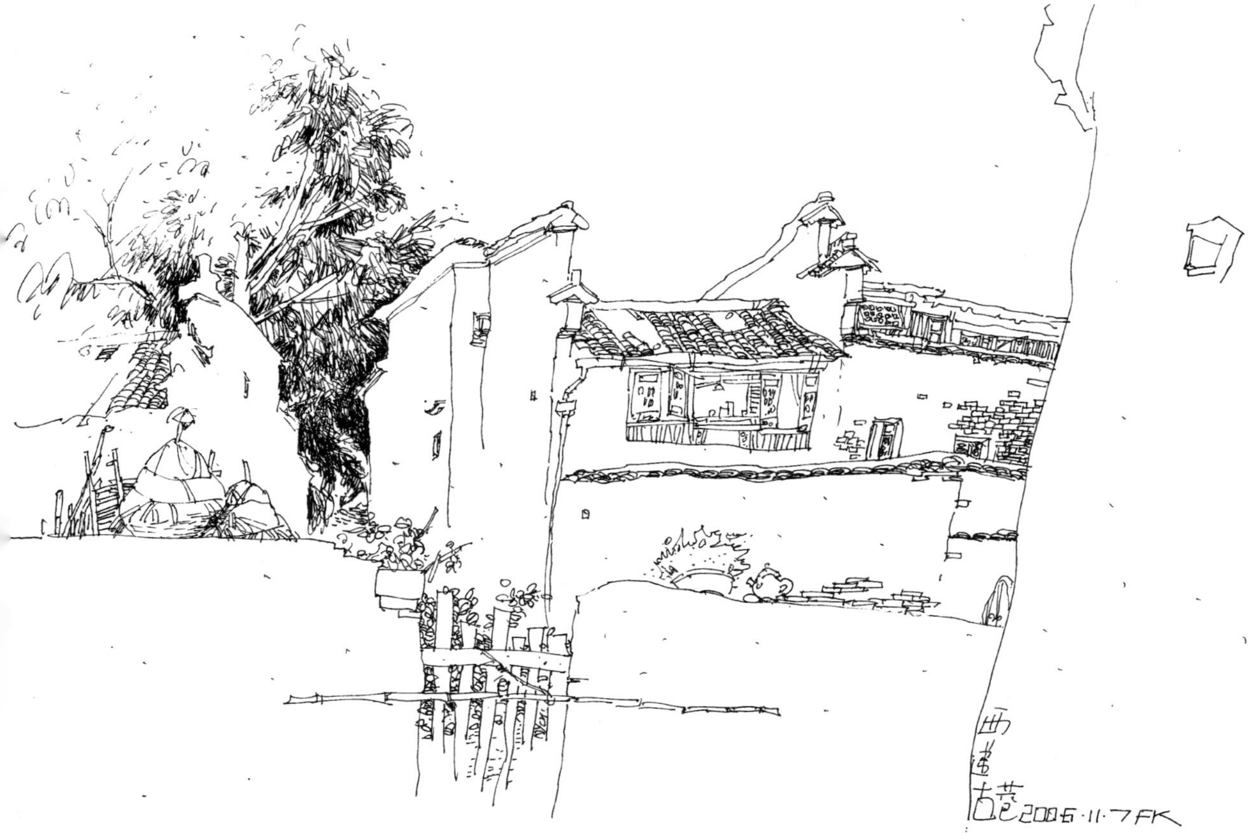

柴门

古村印象

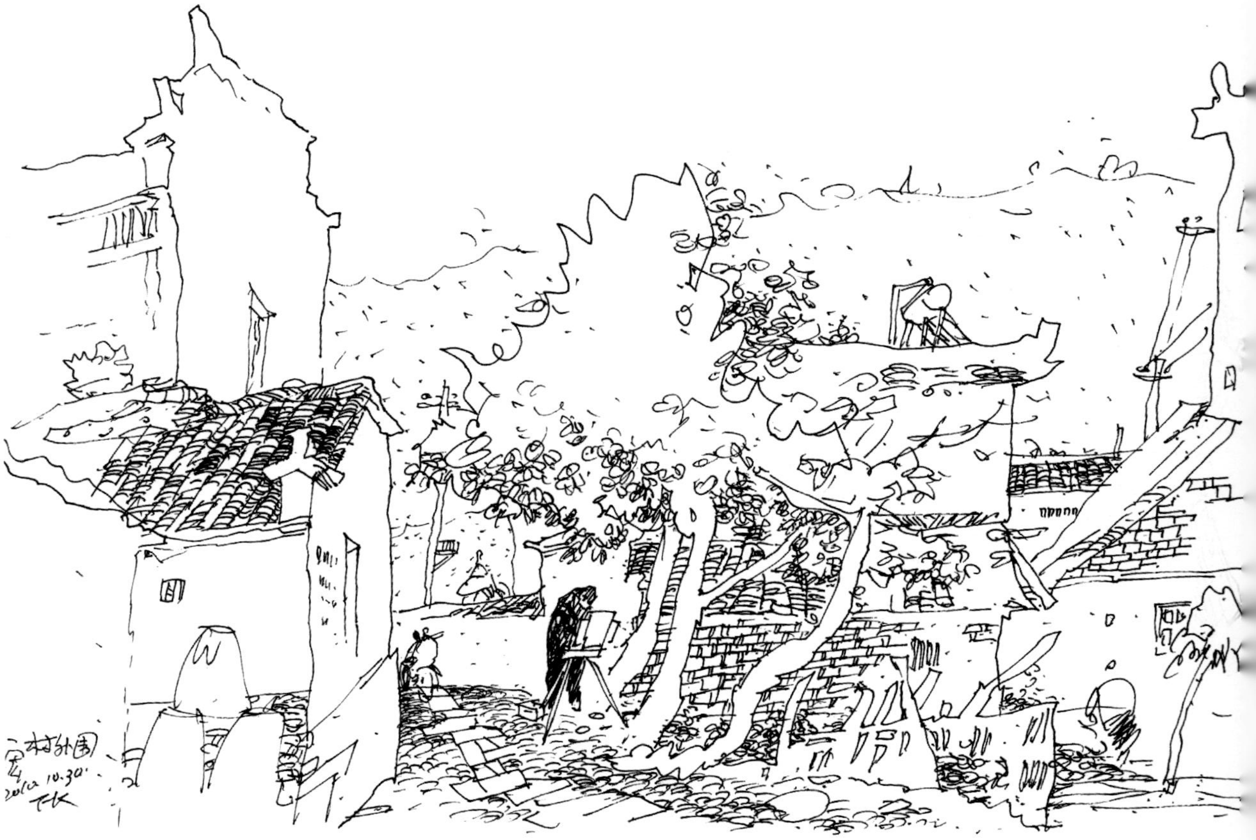

村口写生

村庄

凤凰城内虹桥

大障山

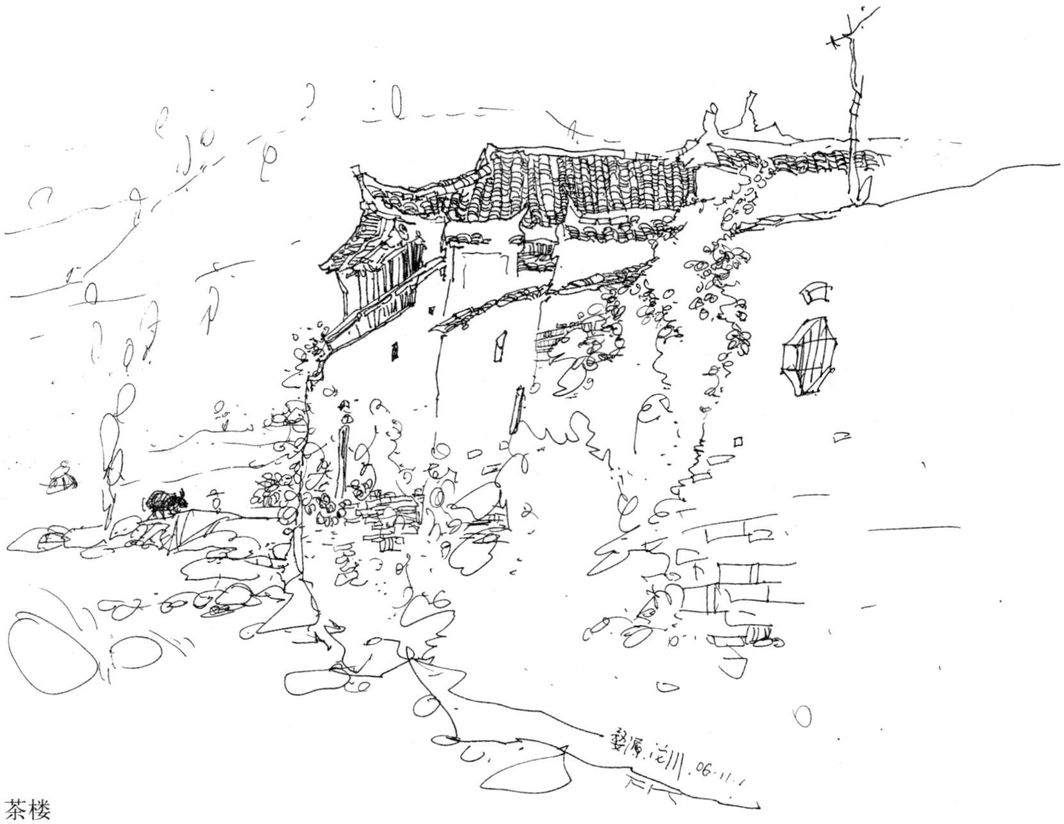

茶楼

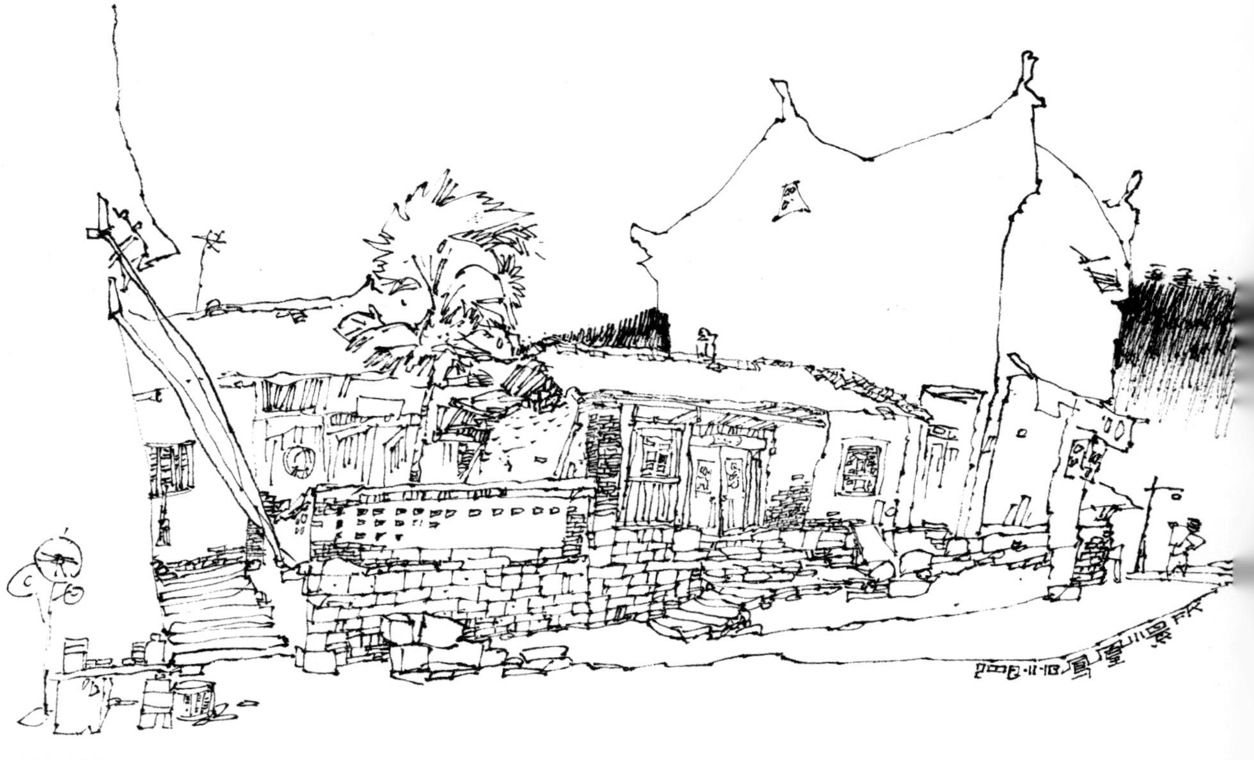

凤凰小景

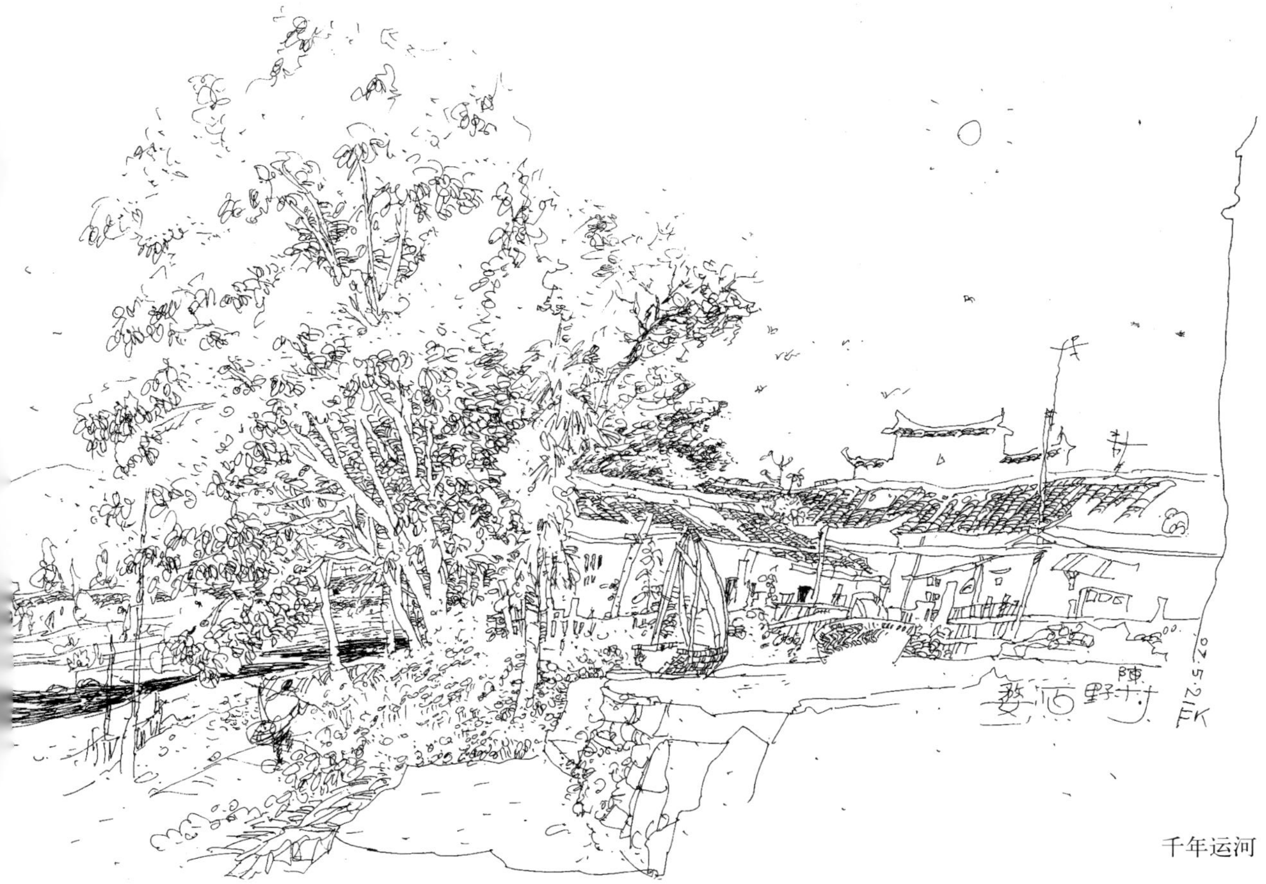

千年运河

古道深巷

古渡晚归图

古街老商埠

古码头畔吊脚楼

古西递

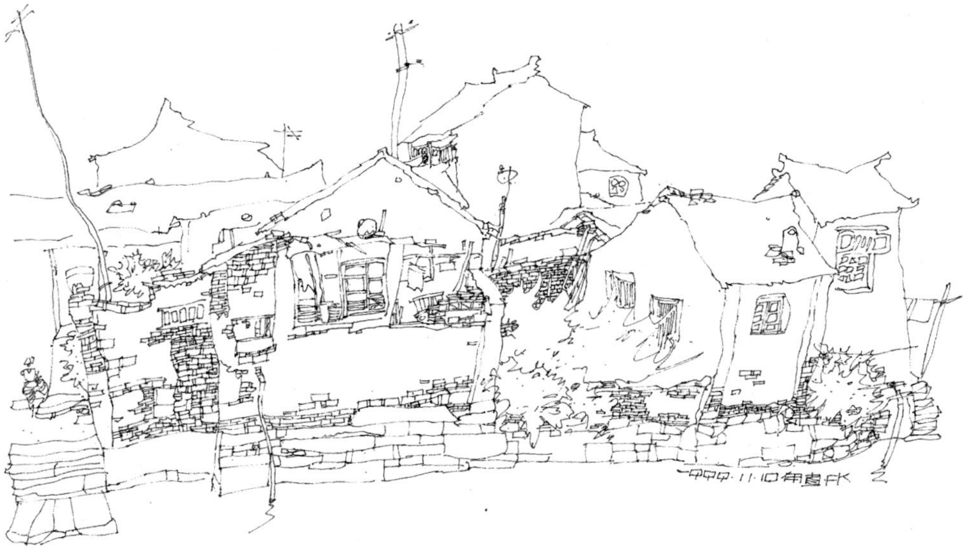

河畔人家

宏村河岸

农家小院落

芝村商铺

2000.10.25.FK

芝村印象

2000.10.25.FK

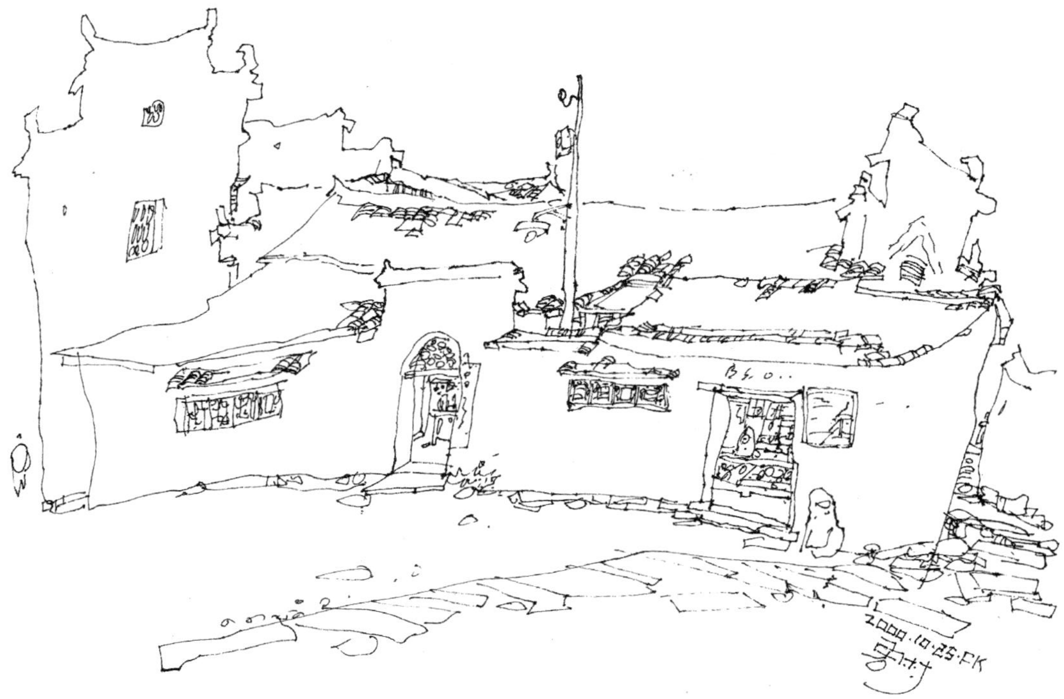

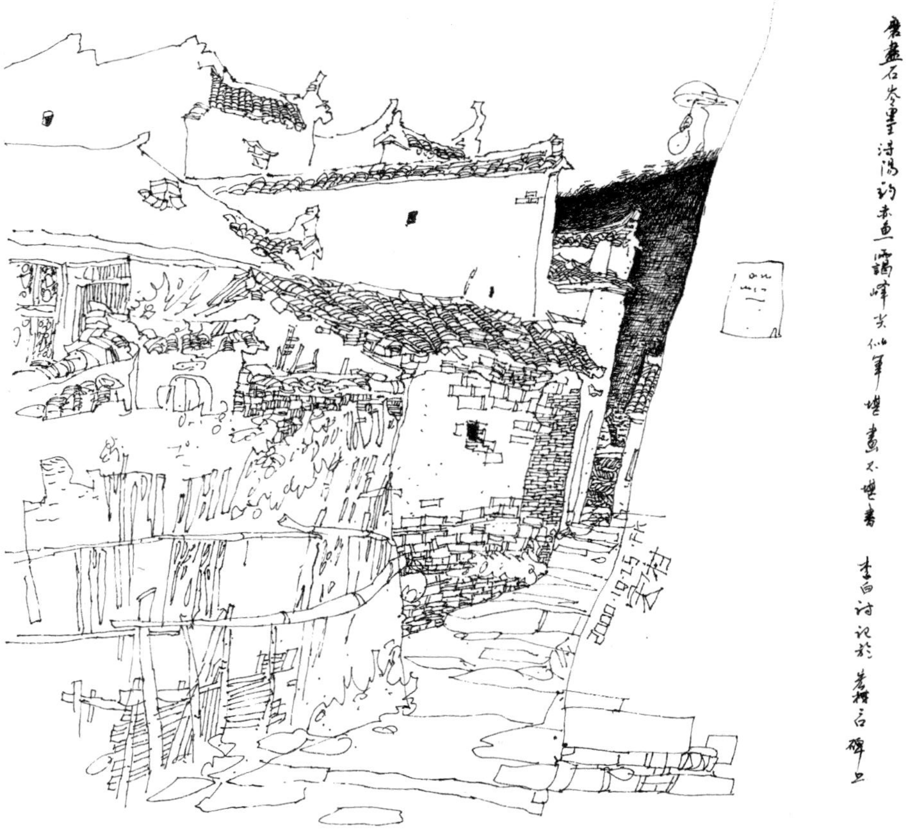

同里老街

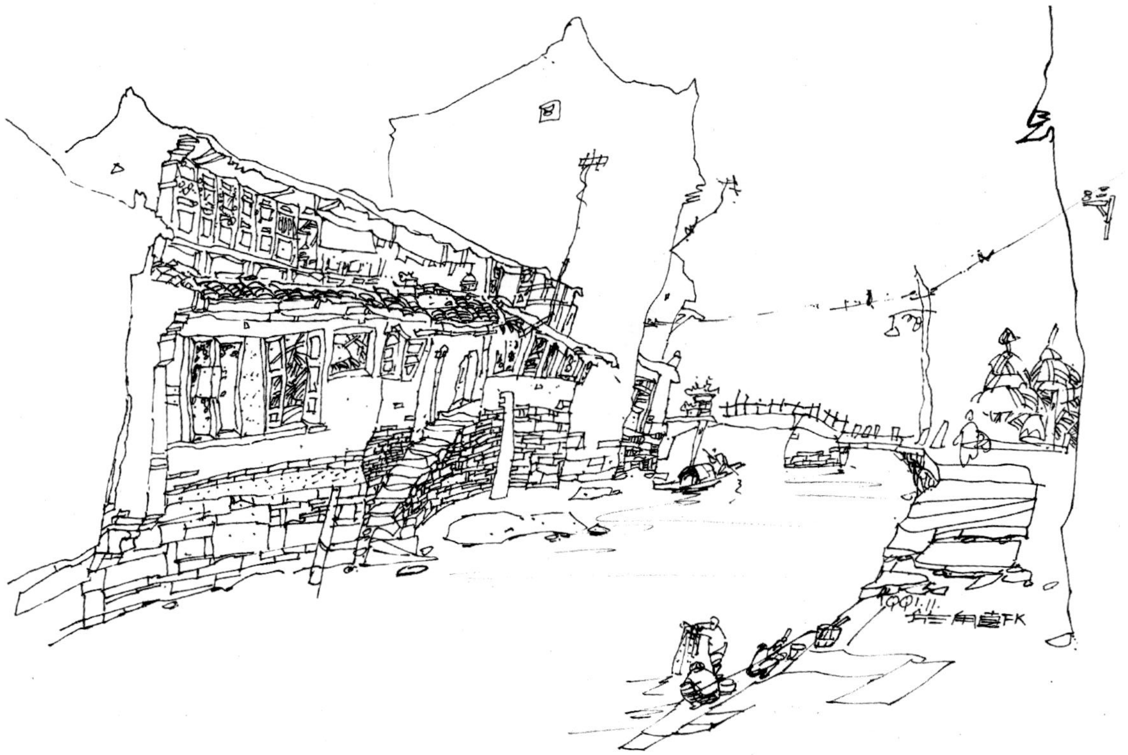

浣洗图

枕河民居

泾县陈村

出城

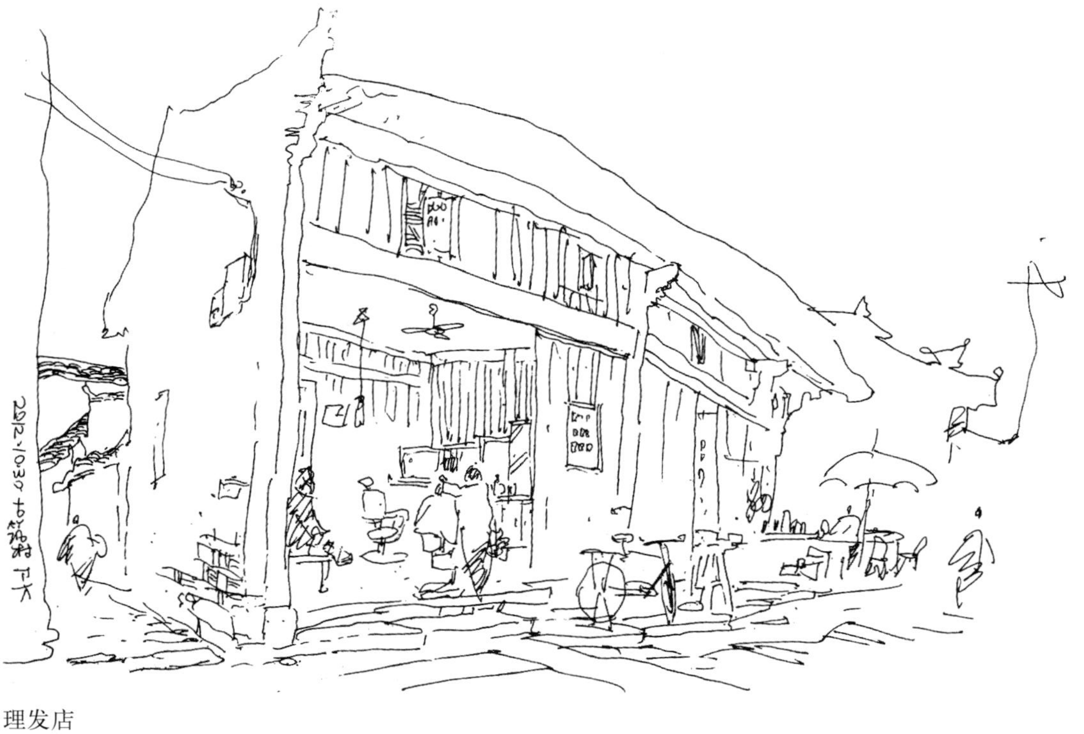

理发店

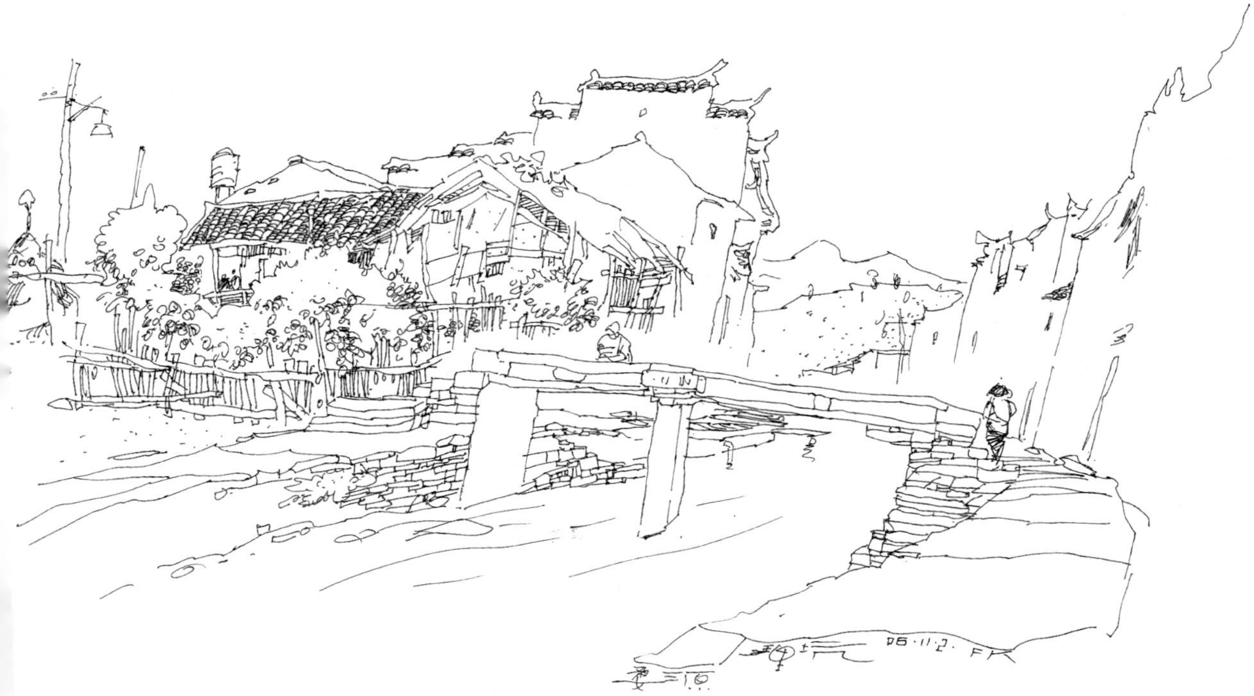

理坑

卢村

图书在版编目（CIP）数据

建筑速写快速入门ABC/傅凯著.—北京：中国建筑工业出版社，2013.6

ISBN 978-7-112-15516-3

Ⅰ.①建… Ⅱ.①傅… Ⅲ.①建筑艺术—速写技法 Ⅳ.①TU204

中国版本图书馆CIP数据核字（2013）第123953号

本书直接从建筑速写写生方法入手，以简明轻松的形式分别讲述建筑速写包括构图、线条练习、观察方法、速写、默写等基本知识与技能，并附有大量图例作品。让广大从事建筑学、城市规划设计、环境艺术设计、园林景观设计等专业的学生和从业人员能够通过建筑速写训练，既使他们在设计上做到思维敏捷和激发设计创造力、表现力，又能为他们不断提高艺术修养埋下优良的种子，这棵种子只要遇到适时的阳光和水分一定会开出灿烂而美丽的花朵，并芳香悠长。

责任编辑：陈　桦　杨　琪
责任校对：王雪竹　赵　颖

建筑速写快速入门ABC
傅凯　著

*

中国建筑工业出版社出版、发行（北京西郊百万庄）
各地新华书店、建筑书店经销
北京京点设计公司制版
北京中科印刷有限公司印刷

*

开本：787×1092毫米　1/16　印张：3½　字数：85千字
2013年8月第一版　2013年8月第一次印刷
定价：19.00元

ISBN 978-7-112-15516-3
（24102）